赏心悦木

贾治邦

朱志悦◎著 封面题字◎贾治邦

中国林业出版社

图书在版编目（CIP）数据

赏心悦木 / 朱志悦著.-- 北京：中国林业出版社，2016.8

ISBN 978-7-5038-7422-2

Ⅰ．①赏… Ⅱ．①朱… Ⅲ．①红木科—木家具—基本知识—中国 Ⅳ．①TS664.1

中国版本图书馆 CIP 数据核字(2014)第 055435 号

赏心悦木

中国林业出版社·建筑分社

策　　划：纪　亮
责任编辑：李　宙　王思源

著　　者：朱志悦
封面题字：贾治邦
编　　辑：朱　庭
装帧设计：蔡卜头　曾骏飞
排版设计：海丝企划团队
出版发行：中国林业出版社
集团官网：福建海丝商品交易中心有限公司　www.haisibot.com
印　　刷：北京利丰雅高长城印刷有限公司
开　　本：16 开
字　　数：200 千字
印　　张：15 印张
版　　次：2016 年 11 月第 1 版
　　　　　2016 年 11 月第 1 次印刷
书　　号：978-7-5038-7422-2
定　　价：86.00 元

作者简介

朱志悦

- 中国林业产业联合会创新奖（红木类）评审专家
- 国家林业局"木材鉴别类"专家编审
- 华侨大学董事、金融与经济学院教授
- 中国林产工业协会传统木制品专业委员会执行会长
- 中国红木古典家具理事会常务副理事长
- 福建省收藏家协会荣誉会长
- 六合院（福建）古典艺术家具有限公司董事长
- 福建海丝商品交易中心有限公司董事长

作为中国古典家具材质研究专家，多年来，朱志悦先生频繁进入东南亚各国、南美洲亚马逊河及非洲刚果河流域的原始森林，进行硬木木种鉴定、品质评定及进口贸易谈判等工作，对全球珍稀硬木的生态环境、木材特征进行细致的观察与记录，形成其对古典家具材质系统而独到的见解。

其关于中国古典家具材质的研究著述散见于各级学术期刊。其中《辨材九法——甄别优质木材的九大因素》一文，以其新颖独到的观点、逻辑严密的论证引起国内外学术界、收藏界的广泛关注。

多年来，朱志悦先生专注于行业标准的建立，他同时也担任中国林业产业联合会特聘的七位红木专家之一，也是其中唯一的一位实业家。2015 年，朱志悦先生被中国林产工业协会木雕家具专业委员会特聘为木材鉴定专家，同时担任传统木制品专业委员会执行会长，对国内木雕艺术品投资领域的管理起到规范化的作用。

此外，朱志悦先生在国内金融研究领域也颇有影响力。作为华侨大学金融与经济学院教授，朱志悦先生长久以来致力于中式金融的研究。其论文《中式金融模式与创新》开辟国内中式金融研究的先河。在国内各类交易场所全面清理整顿的当前，由其创办的福建海丝商品交易中心成为 2015 年首家经福建省政府批复成立的大宗商品交易中心。

刻木铭心　传承永世

生态文明　华夏腾飞

贾治邦

二〇一六年九月

序

在源远流长的世界文明历程里，中国是唯一以木文化影响于世的文明古国。早在远古时期，我们的祖先就利用木材的诸多优势，采用独特的空间组合结构，创造出既满足功能需求，又独具风格的建筑形体。这些木建筑质地坚实，纹理美观，反映了先人的生活态度和审美情趣，是格调雅致、和谐对称的中华家居美学体系中非常重要的组成部分。

明朝永乐年间，随着郑和下西洋对海洋诸国的探索，一批批优质的硬木资源绵绵不绝地从海外进口至中国。隆庆开关以来，由于海禁的解除，从盛产名贵木材的南洋诸国大量运回紫檀、红酸枝等制造古典家具的珍稀良材，首开中国人以硬木做名贵家具的先河，缔造了中国古典家具的巅峰时代，同时也奠定了中华家居文化在世界家居史上的卓越影响力。

与陶瓷、玉器、漆器、茶叶等截然不同的是，传统家具的文化虽由中国所创造，但作为古典家具主要制作材料的红木却是产于海上丝绸之路沿岸各国与地区。红木作为中国与古代海上丝绸之路沿岸国家文化碰撞、经贸互通的产物，是中华民族善于融合贯通、为人类创造生活美的体现，是古代海上丝绸之路成就中华文化的重要符号与标志之一。

自习总书记提出"一带一路"战略构想以来，开放包容，互利共赢成为开启中国与世界交流、合作、发展的新导向。"一带一路"战略的建设，离不开文化的先行。今天，我们循着历史足迹，寻找我们与海丝沿岸国家与地区共同的文化血缘，我们发现，红木文化作为古代海上丝绸之路孕育的结晶，一直延续了数百年之久，从未间断过，并于当前成为迈向 21 世纪新海上丝绸之路建设中的重要组成部分。

"一带一路"的战略构想，综合了政治、经济与文化诸多要素，整合了国内外资源与市场的多种需求，形成了普惠世界各个国家、各个地区、各个行业的发展格局，充分彰显出中国雍容、开放、自信的大国气度。红木作为文化先行、产业合作的最佳载体，是进一步惠泽红木资源国，让世界感受中华文化魅力的重要桥梁。红木集天地山川之灵气，是大自然对人类的宝贵馈赠。其原材主要产自"一带一路"周边国家与地区，进口国外原材料制成国文化产品，符合当今文化产业发展的潮流。制成之后，美仑美奂的家具及木雕艺术品出口国外，让全世界人民充分感受到中华文明与世界融合的魅力与包容合作的精神，对传播中华民族丰富的文化思想和价值理念有积极的促进意义。相信随着"一带一路"战略构想的实施，红木文化产业也必将茁壮成长，迎来新的历史发展机遇。

我与志悦先生结识时间并不久，但可以感受到他在木文化研究领域的执着与努力。一般人在创办企业之后，很少有精力能再加深本专业的学习与积累，更惶论拓展到并不熟知的知识领域。而志悦先生在忙于企业经营的同时，不仅在木材材质研究上颇有建树，在木文化、红木金融等衍伸领域的探索上，在国内也具一定的影响力。我曾经在一些杂志上看过他发表的文章，其观点鲜明、新颖，皆是源于实践与探索得出，绝非闭门造车拼凑而出。今天，志悦先生在中国木文化研究领域的成果——《赏心悦木》得以付梓，是行业里的一件大事。先生嘱我为之作序，谨启数语，以示欣喜与祝贺。

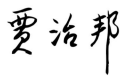

二〇一六年九月

备注：（贾治邦，现任全国政协人口资源环境委员会主任，原国家林业局局长、党组书记。）

导读

中国明清家具源远流长，以其古朴、尊贵及典雅的特点享誉于世。珍稀的木材色泽淳厚，纹理疏朗，历久弥新；承古鼎新的工艺，雕法娴熟，细腻流畅，其特有的文化韵味和艺术风格备受历代文人的青睐。自晚明以降，关于家具内容的笔记层出不穷，其中具代表性的有文震亨的《长物志》，高濂的《遵生八笺》，李渔的《闲情偶记》等，但是这些著述所涉及的内容多是从意趣及化境角度来阐述，缺少理论的研究及艺术上的探讨。直至上个世纪 30 年代，杨耀先生才在明清家具的工艺、配件、装饰和年代鉴定的系统研究上首开先河。继杨耀先生之后，王世襄先生积数十年的学术沉淀，推出《明式家具研究》这一鸿篇巨著，终于奠定了明清家具作为一门学科而须具备的理论基础。

改革开放以来，位于中国东南的古典工艺之都——仙游异军突起，其生产的明清家具，以积淀深厚、构思奇巧、造型隽秀、雕工精细、寓意丰富等鲜明特色，形成了仙作风格，与传统的"苏、京、广"三作并驾齐驱，成为当今明清家具界的翘楚。仙作的迅速崛起，引发了业界的广泛思考。在王世襄、朱家溍等诸位前辈的影响之下，仙游涌现出一批研究明清家具的专家与学者。他们或从文化渊源上发微，或从产业远景上洞察，或从材质辨伪上推敲，或从工艺角度上鉴赏，形成了"百家争鸣"的繁荣局面。而能从材质、文化、工艺、产业观察等多维视角，系统性地研究仙作家具的，私以为，朱志悦先生是其中为数不多的集大成者之一。

朱志悦先生地质专业出身，早年在福建能源集团任职时，就常深入深山老林，进行地质矿产勘察工作，这段经历对他日后从事木材鉴定工作起到了非常关键的作用。这些年来，朱志悦先生常往返于东南亚、南美洲亚马逊河及非洲刚果河流域的原始森林，进行名贵木种的鉴定、品质评定及进口贸易谈判等工作，对全球珍稀硬木的生态环境、木材特征进行细致的观察与记录。他结合多年涉身实践的经验及本专业知识，以地质的独特角度来剖析木材特性，形成了对珍稀木材的独到见解。木材研究系统繁芜博杂，若不加以理性的察辨、归纳与总结，很难形成一套完善的体系，朱志悦先生并非科班出身，到如今成为享有盛誉的木材专家，很大程度上要归功于其严谨的治学态度，这让同是从事木材研究的我感到由衷地钦佩。

在木材研究与企业经营的同时，朱志悦先生致力于明清家具的系统研究，在《收藏界》、《中国红木古典家具》等杂志上开辟专栏，笔耕不辍。今年五月，先生意欲将其近年来发表的论文集结成册，并邀请我为之作序，我反复推辞，然而终究难违其意。《赏心悦木》中收集的论文集，涉及古典家具渊源、仙作家具艺术特色、各种名贵木材的阐述、传统工艺解析、家具精品赏析及红木产业金融化等多个领域，此中的万象精华，最终集结于一本小小的册子里，不禁让人想起《维摩经·不可思议品》中"须弥纳于芥子"的喻意。通读此册，我以为本书主要有以下三个特点：

第一，涵盖面广，旁征博引。此册里的文章，涉及了文学、哲学、植物学、建筑学、史学考据、经济学等多门学科，册中引经据典，广泛涉猎，可读性强；

第二，观点新颖，论述客观。册中收录的关于木材材质分析的几篇论文，均是朱志悦先生多年来在木材鉴定实践基础上总结出的宝贵经验。当前市场上关于红木材质没有统一的说法，大多观点悖谬，混乱不清，广大消费者深受其害。先生在《辨材九法——甄别古典家具优良材质的九大因素》一文中，新颖地提出优良木材的辨别指标，并逻辑严密地给予佐证，对市场规范化产生积极作用。

第三，图文结合，形象生动。 本册在作品编选、版式设计等方面都非常用心，作品编选力求挑选最经典和代表性的，版式设计注重传统文化底蕴和现代设计手法的有机结合，形象生动，裨益于鉴赏。

由此可见，朱志悦先生的《赏心悦木》，有着较强的开拓性、知识性，独辟蹊径，自成一家，是近年来木文化研究领域中不可多得的一本好书！

朱志悦先生自创办企业以来，并未消遣时间于务虚，而是甘于淡泊，潜心治学。今天，中国林业出版社出版将其著作付梓，即是代表着业界对他的认可。作为朋友，我由衷地为他感到高兴。《赏心悦木》的出版，将为明清家具研究，乃至中国木文化的研究起到积极的推动作用。可以预见，不久的将来，朱志悦先生一定会以更扎实的研究，为博大精深的中国木文化传承、发展作出新的贡献。

图为朱志悦先生、杨家驹先生（自左起）

杨家驹

二〇一六年十一月于北京

备注:（杨家驹，回族，1928 年生，安徽安庆人。中国林业科学院木材工业研究所副研究员。1997 年以后专门从事红木研究，是《红木》国家标准 GB/T18107-2000 的第一起草人，被誉为"当代红木研究第一人"。从事木材解剖、识别、性质和利用工作 50 年。有关化石木的论文 11 篇，合作或主持出版专著 22 部，发表论文 63 篇，先后获国家 / 部 / 省级科技进步奖 7 项；2 项先后被中国科学院选入《中国"八五"科学技术成果选》和《中国"九五"科学技术成果选》。）

自序

"木，冒也。冒地而生，东方之行"，《说文解字》如是说。于是，在甲骨文和小篆上，画下破土而出、充满生机的象形符号。

在现代汉字上，"木"字也有朴素的表现。一横一竖一撇一捺，汉字的四种基本笔划构成"木"字的主体。简洁明了，但却包罗着无限的可能性。

先民从混沌走向光明，从茫茫树林中走向文明城镇，树木于人类的意义不言而喻。"古者禽兽多而人民少、于是民皆巢居以避之。昼拾橡栗、暮栖木上。"《庄子·盗跖》中如是阐述。人类迈向文明的两个标志性事件，即是伐木为屋与钻木取火。人类征服生灵，是以木为器。征服海洋，亦是以木为船桨。树木之于人，是衣食，亦是庇护，与生存的话题休戚相关。

经过漫长的岁月沉淀，先民对"木"的感恩与敬畏，已深深根植于民族的血液之中。各种树木不仅为先民提供最基本的物质保障，同时也被赋予了灵魂，成为寄托他们所感、所悟的载体，由此延伸出内涵丰富，灿烂辉煌的木文化。古言"尺蠖之屈，以求信也；龙蛇之蛰，以存身也"，"天何言哉！四时行焉，百物生焉。天何言哉！"曲直有度，和而不同实为炎黄后人为人处事的万世之道，而木温润不屈的质地，行云流水的纹理，能屈能伸的材型，完美契合了中国人中庸、和谐的为人处世之道。匠人对世物形态的塑造传达着其自身趣味和工艺追求境界，其设计往往与所在朝代的时代风格、审美风格同步发展。不同时期的物质和思想的碰撞，往往体现出迥然而异的风格。木藏万象，每件实木作品都是一件艺术品，它所能反应的不只是所在朝代的创作技艺，更多蕴含的是当时文人匠师的艺术情怀，更甚者为政治民风的再现。木的材质是一方面，更重要的一面是作为一个历史文化载体，它的艺术性、人文信息、地域特色以及传统工艺特点才是它最珍贵的部分。寄情于器，中国文化的尚木情结由此而生。

木材之美，美在纹理，美在自然。木材在形态，色泽，材质上的和谐性和统一性无一不展现着独特的魅力。择木为材的本质内涵是人们创造意向和审美理念的表露。自然万物中，木的质地最为朴实坚韧，厚实清高。这种特性正是中国人信念坚定而又和而不同的处世追求。人们对木情有独钟，漫长的耕作实践，使得人们对木的品质有了更加深刻、细致的认识。渐渐形成了对木独特的价值评价，进而以木的品质、特性作为审美创造的标准和目标。人与自然之间常有一种相等同、相类似、相感通、相对应的关系，自然之木载德兼容，实为华夏子嗣所追崇之良德。人生当如木，行荆棘苦道，仍淡然如水。任世事无常，自宠辱不惊。

世间机缘何其巧合！三十年前，我人生的第一份工作始于扛木，三十年后，毕生的事业竟又与木相关。三十年来，"木"已融入了我的血液，成为我生命中不可分割的一部分。青年时的扛木求生存与木结缘可谓之"本"，心中藏木是人生的开端，也是木文化深深扎根在我心中播下的种。三十年后的今天，投身红木文化事业，愿谓之"末"。"本"，树木之根，年少立志须如新栽幼苗扎根土壤，立好基业之根，扎深根踏正道。"末"，树木之梢，有志者当若参天大树，任凭疾风骤雨，终守心中理想！

朱志悦

二〇一六年十一月

目 录

第二章 世有嘉木可涤心

第三章 赏心乐事谁家院

第四章 点木成金写传奇

朱志悦：阅木人生

——《古典工艺家具》杂志 专访

　　"每一棵看似平凡的木头，都经历了数百年乃至数千年的光阴。历史的沧海桑田，岁月的风云变幻都深深镌刻在它的年轮中。摩挲它的肌理，你会感悟到一种发自心灵的触动，这种体验不是用言语能够表达得出来的，它就像是一本厚重的哲学书，需要你去细细地品味和阅读"朱志悦如是说。

"朱者，红木也；志者，怀抱名士之心；悦者，将心比心。三个字串联在一起，就是'以名士的情怀，真诚对待红木'的意思。我诚待木，木必如是，我的名字注定了我这一生和红木有说不清、道不尽的缘分。"

盛夏七月的一个午后，在六合院的办公室里，董事长朱志悦以略带调侃的口吻向我们解读他的名字。

他仿佛是为木而生的，大半生都在做着与木相关的种种：少年时为了生计扛过近三百斤重的木材，打着赤脚走过五公里绵长的山路；青年时毅然选择地质专业，在同窗抱怨地质勘探工作的苦累时，他却在享受山野间树木的蓬勃生机；中年时遍访东南亚、非洲、南美洲各国的原始森林，在虔诚的文化苦旅中感悟珍稀硬木的特性和韵味。如今，由他一手创办的六合院（福建）古典艺术家具有限公司，在短短三年时间里，已奇迹般地完成了从行业新锐到领军的华丽转身。

举止优雅，谈吐从容，思路敏捷，这是朱志悦给我的第一印象。他不大乐意聊生意上的事，却喜欢聊起与红木及文化相关的各种话题，聊到兴起，不觉手舞足蹈，让人很难将他与"董事长"的身份联系起来。本该是享受人生的年纪了，却还在为了红木奔波劳碌，朱志悦把他钟爱的红木当作自己的孩子去哺育、推广，这些"孩子"已然成为他的生命和毕生托付的梦想。

阅木之源：情衷于木的前世今生

朱志悦常常说自己是个有福气的人，但是在采访中，我才发现他的人生道路上其实充满了跌宕起伏的情节。

上个世纪八十年代初，年仅十三岁的朱志悦就已成为家里最年长的男子，为了生计，早早干起了搬运木材的苦力活。印象最深刻的一次，是十六岁那年，他独自扛着二百八十六斤重的松木，打着赤脚翻过五公里长的山路。这在今天看来，是多么地不可思议。

"搬木头很注重技巧，你要把握好扛木的位置，还有前进的节奏，掌握好就不那么累了"，朱志悦笑着说，"更重要的是，搬一根木头就能赚两块多，这在当时够一家人开销一个月了。这么划算的事，虽然累点也是值得的。"

烈日当头，荷负沉重。木材搬运的经历在带给他人苦与累的同时，带给朱志悦的感受，却是一种对生活的憧憬与希望。

对古典家具的情怀，则是在朱志悦更幼小的时候便已滋生。

"村里有户有钱人家，家里摆了套太师椅，这在当时是件不得了的东西。寻常人是不让碰的，我们小孩一靠近就会被打发走"朱志悦回忆道。

"地瘦栽松柏，家贫子读书"，莆仙一带的传统家训，让那里的孩子自古以来就格外刻苦和倔强。年幼的朱志悦暗暗下了决心，以后一定要努力赚钱，在自己家里摆满古典家具。

谁都不曾料到，三十年后，朱志悦成为了一家深具影响力的古典家具公司的创办者，一切仿佛是冥冥之中的定数。但谁又敢说，这不是朱志悦常年以来矢志努力、艰苦奋斗得来的结果呢？

真正与红木结缘，还要追溯到1997年，那是红木家具这个新兴的行业，在仙游在这个名不见经传的小县城悄然萌芽起来的年份。

朱志悦有个朋友从国外进口了一批红木，准备做成古典家具。当时的黄花梨和紫檀还是按斤来卖的，黄花梨的行情价在每斤六七块左右，紫檀在每斤五六块左右，而红酸枝则是按立方来论价，折合起来，一斤大概也要三四块钱。

"在老家接触的木材大多是杉木、松柏之类，哪有见过这么贵的？"出于好奇，就向朋友要了几根红酸枝来研究，没想到一下子就迷上了。

为什么就选了红酸枝，而不是黄花梨和紫檀呢？

首先是价格，要比黄花梨和紫檀稍便宜些。其次从木材实用性上考虑，当时朱志悦就已经感觉到，红酸枝的木质要比黄花梨和紫檀好，性价比高。

"木材非常重，锯开时酸香扑鼻，心材是典雅的大红色。第一次触摸就喜欢一辈子"朱志悦笑着说。

不能糟蹋良材，一定要做成好家具。带着这种单纯的想法，挑剔的朱志悦将这些木材一放置就是好多年，直到六合院成立后，这些木材才以古典家具的姿态展现在广大红木收藏者前面。

阅木之圆：百年黄花梨，千年红酸枝

古人之痴，有王右军之嗜鹅，林和靖之嗜鹤，米南宫之嗜石；今人之痴，则有朱志悦之嗜红酸枝，其痴迷程度，竟毫不逊于古人！

朱志悦不会忘记第一次去东南亚看红酸枝的情景。2001年，一个朋友与朱志悦约定一起到老挝合作矿山。到了矿产地，看到山上零星的红酸枝时，朱志悦突然改变了主意，和朋友半开玩笑地提出"土地下面的全归你，上面的全归我"的条件，把身边的朋友们都吓了一跳。

"连我自己都吓了一跳，没办法，太喜欢这些红酸枝了"，朱志悦笑着说。半山矿产，变成车车木材，当时的朱志悦并没想到，这个决定成为改变他命运的前奏。

2005 年，还在从事石化产业的朱志悦已敏锐地察觉到未来两年突袭而来的行业危机。为了提前应对危机，寻求新的出路，朱志悦开始寻找下一个投资领域，而红木行业，顺其自然地成为朱志悦的投资首选。

朱志悦第一次开始大规模地考察珍稀硬木原产地。抱着"不找到好红木就不回来"的想法，他涉足老挝、越南、柬埔寨、墨西哥、巴拿马、刚果等几十个国家的原始森林，进行了长达五个月之久的阅木之旅，其行程远远超过明朝旅行家徐霞客一生的旅程。旅途是艰辛的，但是充满新奇。期间他遇到过树干粗的巨蟒，虎视眈眈的鳄鱼，甚至还看到红酸枝树干内两三斤重的虫子。朱志

悦仔细观察过，这种虫子一辈子只生活在一棵红酸枝内，掏空了的树干，填满了虫屎。这段难忘的经历，让朱志悦对红酸枝有了更深刻的理解，同时也让他下定决心，退出暴利的石化行业，进入强手林立的红木家具行业。

红酸枝到底有哪些特性，让朱志悦如此倾心不已？

"有句老话说的好，'百年黄花梨，千年红酸枝'，黄花梨和紫檀的寿命大概在五六百年左右，而红酸枝却可以超过一千五百年。黄花梨差不多三十年就可以成材，要长成和黄花梨同等口径的心材，红酸枝至少需要两百年的时间。"

在朱志悦看来，黄花梨和紫檀的古老，体现在人类使用它的历史悠久上，而红酸枝的古老，则体现在它自身在岁月中沉淀的年份悠久。朱志悦认为，红

酸枝之美，概括而言，"圆"字而已。这种"圆"并非是表现形态上的圆，而是体现在意识形态上的"兼容"、"圆融"。如同人类社会"圆融练达"的处世法则，只有生命沉淀得越久远，才能越体现出这种特性。正是这种"圆"的特性，让红酸枝更能与大自然和谐兼容，共处千年，也就使得红酸枝拥有比黄花梨和紫檀这些名贵木更长的寿命，并且与之相比，在木性上也是不遑多让的。

"木材的鉴定是多方面的，如果以单一的指标以偏概全，说紫檀优于黄花梨，或者黄花梨优于红酸枝，这些都是不公允，如果从密度、油脂、色泽、气味、纹理、柔韧性、稳定性、细腻度和文化积淀等九个角度综合去考量几种名贵硬木，你就会发现红酸枝其实是最优秀的木材。"

朱志悦回忆起年少时在家乡见到的旧家具，最昂贵的都是由红酸枝制成的。"传统意义上的红木，其实就是特指红酸枝，由此可见红酸枝在众木中的高贵地位。黄花梨、紫檀虽然和红酸枝一样都是宫廷的贡木，但它们是皇亲贵戚的专属，寻常百姓是无法企及的，不像红酸枝从民国开始就流行于民间的富贵人家中，从某种意义上说，民间对红酸枝更有感情"，朱志悦说。这也成为了朱志悦更偏好于红酸枝的另一情感因素。

"每一棵看似平凡的木头，都经历了数百年乃至数千年的光阴。历史的沧海桑田，岁月的风云变幻都深深镌刻在它的年轮中。摩挲它的肌理，你会感悟到一种发自心灵的触动，这种体验不是用言语能够表达得出来的，它就像是一本厚重的哲学书，需要你去细细地品味和阅读"朱志悦如是说。

阅木之缘："圆缘六合"的中国梦

在六合院公司的大门左侧，矗立着六座气宇轩昂的高碑，碑上以优雅流畅的启功体，分别镌刻"红木家居文化研究院"、"国学文化研究院"、"自然形木雕研究院"、"书画艺术研究院"、"香道文化研究院"、"玉石文化研究院"几个大字。宽敞幽静的公司环境中，几座碑显得异常醒目。

朱志悦指着这几座碑说道，他毕生最想做的事情，就是把这六个文化研究院做好，以挖掘传统文化、弘扬先进理念、提升文化价值为使命，将红木家具与文化产业作为共同的事业去经营。六合院与六个文化研究院交相辉映，成为了仙游红木古典家具行业一道靓丽的文化风景。

六合院的品牌名，起源于宋太祖"杯酒释兵权"的典故。相传赵匡胤夺取天下后，为避免众将领也"黄袍加身"篡夺政权，借一次酒宴为契机，以豪宅厚禄为条件，让众将军交出兵权。史载"建隆二年，移镇郓州，兼侍卫亲军马步军都指挥使，诏赐本州宅一区。"赵匡胤赐予开国元勋石守信的豪宅，即是中国建筑史上的巅峰之作——六合院。

与汉高祖、明太祖大戮功臣的行为相较，赵匡胤被视为宽和的典范，六合院自然也被视为和睦的象征受到历代的赞誉。朱志悦曾在年轻时一次游历中偶遇，多年后仍念念不忘。相比于它的富贵与肃穆，更触动朱志悦的是六合院建筑展示出的凝聚力。"六合"，指的是东西南北加上下两极，它的规模远大于我们所熟知的四合院。它以家庭院落为中心，街坊邻里为干线，社区地域为平面的社会网络系统，形成一个符合人性心理、保持传统文化、邻里邻外关系融洽的居住环境。

朱志悦是一个笃信缘分的人。回顾四十多年的人生旅途，与红木的邂逅，与事业伙伴的携手，一个"缘"字概括了前因后果。正因为信缘，朱志悦对身边的人充满感恩之心。六合院的员工，很多都是跟随他多年的，有些甚至是十几年的老员工，追随他进入这个行业，从中可以看到朱志悦的人情味。

"不仅如此，我们还要实现'圆缘六合'的梦想"，朱志悦自豪地说。他更愿意让大家理解他所经营的是文化产业，而不仅仅是古典家具。"圆缘六合"的提出，表明了一种以文化建设为导向的企业战略。在这种大战略背景下，朱志悦

树立起六座高碑，无疑是对外展示他"文化大整合"的远大抱负。

"我们邀请了中国工艺美术泰斗庄南鹏、林学善、郑国明作为我们的艺术顾问。目前红木家居、自然形木雕、国学及玉石四个领域的文化研究院已经建立，不久的将来，我们还会把其他三个文化研究院一并成立起来。我们将邀请更多文化导师加入到我们的队伍中，大家一起整合资源，为中国传统文化的推广贡献出一份力量。"朱志悦介绍道。

"实现中华民族伟大复兴，就是中华民族近代以来最伟大的梦想。"习总书记在参观《复兴之路》展览时说的这段话，给了朱志悦极大的鼓舞。

"中国的伟大复兴根本上是文化的复兴，是华夏文明之根的复兴，只要坚

持寻根的道路，就一定能实现'圆缘六
合'的梦想"，面对未来，朱志悦踌躇
满志。

采访到尾声，朱志悦向我们透露，
近期六合院正紧锣密鼓地创作以炎黄子
孙"中国梦"为主题的红酸枝大型工艺
作品，向即将到来的"文艺复兴"时代
献礼。能被阅木至深的朱志悦如此期待，
想必又将是一件振奋业界的好作品。

第一章 史海烟云见木影

宋 李嵩 《听阮图》

缘木论道

——中国木文化泛谈

"观乎人文，以化成天下。"若要归纳中国上下五千年的文化，我以为最到位而又最精炼的莫过这句。想用当代任何一家学术理论来描述"文化"这个概念，是很困难的。因为这个概念实在太泛，说起来没个尽头，写起来也没个着处。这么一来，有人就会问，文化既然这么泛，无边无际的，有时候简直让人摸不着头脑，为什么还要文化这东西？打个比方，文化就像水、空气与阳光。无处不在，无孔不入，无时不有，可以很大，也可以极小。往往被人忽视，然而又不可或缺。

这是一个人人皆谈文化的年代，人的生活、意识、思想，似乎都离不开文化。茶余，聊聊茶文化，饭后，谈谈饮食文化。乃至芝麻琐细，市井俚俗，一旦和人的思维产生了化学反应，有了特殊视角，深刻了起来，便都成了独有的文化。这便是文化的魅力，满足了人的初级需求之后的更高层次享受。

当今正值文化盛世，木的文化越来越被人所重视，越来越多的人开始意识到木文化的价值。从中国神话传说中一万年前，不识四时昼夜的燧人钻木取火开始，木和人之间，在自然界这个巨型孵化器中，产生了唇齿相依的密切联系。

一棵树就像一部丰富的历史教科书，一件古老的活文物，集日月大地精华，合人间烟火、沧桑于一身，数百年岁月的沉积，形成了自己独特的木文化。

"木者，春生之性"，春天是生命的本源，而木发自春天，有一种温存的属性。《诗经·小雅》里有一篇非常生动美妙的诗《伐木》："伐木丁丁，鸟鸣嘤嘤，出自幽谷，迁于乔木。嘤其鸣矣，求其友声，相彼鸟矣，犹求友声。矧伊人矣，不求友生，神之听之，终和且平。……"读这首诗时，我的脑海里总会浮现出一幅幅生动的画面——春分时节，人们在森林里伐木，和着劳动号子，叮叮而响，鸟儿啾啾而鸣，原来，鸟鸣嘤嘤是为寻找知音，而伐木的人们相互协作，在这自然和谐的森林中，心情祥乐而宁静。人与人、人与自然之间的那种和谐之美，着实动人。伐木这种行为，抛开砍伐过量而引起的生态失衡，其实是一种世世代代的人对木不离不弃，将其视为生命依靠的行为。自然界随处可见的木，赏之不足，那么必然地要引入生活，而后逐渐演变为一种文化钟情，即我所泛谈的木文化。

收藏家安思远 私宅局部

木文化可俗可雅，俗到山野村郭，市井街巷，雅至高堂庙宇，皇室贵族。

木在俗世中，一般不叫文化，那太文艺腔，应该叫生活。但生活本身，也在文化的包容之中。离开木的生活，不叫生活。自古木在生活中的使用范围就很广，可以制成交通工具、劳动工具以及一切可能的家居用品，车船屐杖、楼台亭阁、乃至攀爬的梯子、称重的杆秤等等，在一些自然村落，仍延续中国千年田园生活，使用柴火烧饭，用大口锅，炊木桶饭，哔剥的松脂轻爆声中，稻香里带着木的自然清香。这是都市生活不曾有的，发乎自然，毫无造作的一种人

间烟火气息。如今读书人一味关在带空调的书房里领悟"道法自然"，真该打发到山林溪涧，涮涮这股酸腐气。

民以食为天，这两年来，《舌尖上的中国》之所以红遍大江南北，正是因为中国从来就是一个热爱生活的民族。烹饪越来越追求色香味俱全，面对满桌如同艺术品一样的美食，手抓真不合适。善于使木的中国人，发明了筷子，解决了这个令人纠结且关乎文明的问题。早在大禹治水时，就以两根树枝当筷子捞食，发展到如今各式各样，挖空心思精工细作的筷子，筷子渐渐从实用迈向更高层的文化审美，可谓精神文明发展的

一桩实例。中国文化里还有不少关于筷子的风俗。比如，吃完饭时不要将筷子插在米饭上，因为这让人误会亵渎神灵；比如，从捏筷子的位置可以判断这人的婚姻的远近；比如，婴儿过百日，长辈就会用筷子在宝宝双眉间点一颗红痣，俗称吉祥痣。筷子必须是一双，单支不成筷，中国人爱双数，什么都讲究个成双成对。筷子的这种特性在中国文化里，寓意非常吉祥。因此，筷子除了成为生活必需品，还变成了礼品。送新人、恋人、友人、商务伙伴，意思是要和美，要成双，要友情，要合作等等。而以上等乌木、红木镶银嵌金制成的筷子，自明清以来，似乎尤其受欢迎，因为中国人不但讲究吉利还讲究富贵，木中贵族当属乌木、红木，又以金银镶嵌，越发体现其身份地位。比如《红楼梦》里细致描绘的乌木三镶银箸，那是贵族生活所必需。上海民间民俗藏筷馆所收藏清代筷箸，就有乌木镶银箸、红木镶银箸。《天水冰山录》记载，严嵩被抄家，抄出来 8696 双乌木筷子，数目非常具体。说明乌木筷子值钱，不然就不需要记载这么具体了。

明清两朝，是木文化渗透最深入的朝代，当时人们的审美讲究已经从庙堂走向更生活的部分。明清时期对红木的应用也是任何朝代都无可比拟的。这将在我的其他文章中详细叙谈，此处暂不赘述。

在市井中，有一件木质器物十分有意思，那就是算盘。算盘用于算数，被誉为"国粹"。外方直内扁圆，上二珠下五珠，元朝初年，曾有算盘诗云："不作翁商舞，休停饼氏歌。执筹仍蔽篓，辛苦欲如何。"将算盘拟人为一种不辞辛劳的品质，特指商人的属性。算盘非常之科学，计算精确，珠算口诀尤其是一绝，"三一三十一"，比喻将一物分为三等份，"二一添作五"比喻将一物分为两份，"三下五除二"比喻做事干脆利落，如此不一而足，别有意趣。这也是文化，从木文化延伸而出的商人文化。作为商人文化的历史象征器物，真该建议每位经商者，都在自己家中供上一副好算盘——至于材质，我认为当然还是红木好，或红酸枝、或紫檀、或黄花梨，随人喜好。

人在生前离不开木，死后也要和木"长相厮守"。古时大部分中国人，到了临老之时的最高愿望，就是为了给自己打造一副上好的棺材。那是他们最重要的也是最后的居所，甚至有可能是他们一生享用过的最昂贵的东西。棺材很讲究，从材料到做工、榫卯、结构、吻合度等等，无不追求尽善尽美。当然，用以土葬的棺材对于现代人来说，越来越遥远。棺材渐渐变成一种"升官发财"的象征，寓意还十分吉祥，袖珍版棺材，用上等佳木，比如红木、金丝楠、黄杨木，做工精良秀美，上雕各色吉字祥纹，作为礼品相互赠送。这也是中国特色文化的一种典型体现，西方人也许不能接受，但在中国，是自然而然的文化演变。

木文化体现得更多的其实是一种雅文化，并在历史积淀中，不断地被文化人宣扬、传承。一谈起雅，琴棋书画，这够雅。而这四种雅物，没有一样离得

雅致书房

开木。琴身、琴案、琴台，棋盘、棋盒，笔、墨、纸，材料都来自木。比如琴，琴里承载着太多文化，老子说"大音希声"，庄子说"至乐无乐"，孔子更是把"乐"和"礼"放在等高的地位；更毋庸说人人皆知的伯牙子期"高山流水遇知音"这样的"乐坛"韵事了。琴是木头上缚着七根丝弦，形制简单，却是中国古乐器中最难以替代的。当然，斫琴需要上等良木，凡雅器，材必不凡。

蔡邕在携妻女"远迹吴会，亡命江海，十二年矣"的避难岁月里，读书、著作、弹琴。其间更有一桩流传千古的典故，关于四大名琴之一的焦尾琴。琴之所以名焦尾，是因为制琴的这块上好青桐木差点毁于灶下，当柴烧去。蔡邕恰好经过抢下这块烧焦一截的桐木，令他兴奋的是，这段被烧的青桐木所剩下的长度恰合琴身的需要。良木有灵性，如千里马，如知音，可遇不可求，而且还需要蔡邕这样的文化眼。

何谓"文化眼"？佛有五眼，其一就是慧眼。洞察世情，照见实相的智慧之眼。文化就需要这么一双慧眼。农人耕田，樵夫砍柴，渔夫打渔，这叫农耕渔樵文化，但是过这样生活的人，往往自己并不知道这叫文化。文化需要一双眼睛赋予其精神价值，方可称为文化。

文化二字，如今被抬得很高。到处都在宣扬文化，都在鼓励大步迈进文化事业，因为文明历经实用到审美的过程中，文化作为审美功能，在被忽略了数十年后，人们重新发现了文化对于精神、灵魂的重要性。木文化就是在这样的时代召唤下，被重新发现、重视并成为关注的焦点，尤其是红木的文化。

谈红木文化首先要谈谈红木。世界上没有任何一个民族像中国人这样对木材如此极致的追求和讲究，从古至今也没有任何一个民族像中国人这样大量使用最顶级的木材制作出美轮美奂的木质器物。这种对顶级佳木的情结，来源于自古而来的审美观。简而言之就是纯、沉、润，中国人一向认为：纯则贵，杂则贱；沉则贵，轻则贱；润则贵，黯则贱。红木纯粹、沉凝、润泽，如和田玉一般，符合文化传承的特质。

嘉木雅致

如果要给红木文化下定义，我以为应该是对红木及红木制品相关研究的统称。红木制品历来都是划归到工艺美术行业，这说明红木文化的艺术特征已经为社会所认可和接受。在红木文化后加注艺术二字是理所当然的。对现存的中国古典红木家具，红木工艺品，红木装饰构件的研究不难发现：无论是精巧的设计手法，还是精湛的制作工艺都堪称经典艺术品。这就需要用艺术的眼光、从艺术的角度去审视传统红木文化。即我上面所说的"文化眼"。不难发现，在以红木为基本材料的红木家具、小件、装饰构件上经常有其他门类的艺术出现，如：书画艺术、雕刻艺术、文学艺术、佛教艺术等等。它们以各种形式与红木制品相交融，提升了红木制品的文化艺术价值。所以各门类的艺术，往往也通过红木制品融入到红木文化艺术中，成为红木文化艺术的重要特征。

　　我乃一介布衣，深受传统文化熏陶，对木文化情有独钟，更对红木文化的生命力持坚信的态度。因此专情于传承与弘扬红木文化，在这个行业中，我已浸染多年，也深知这是一个需要文化自觉的事业。这是一个艰巨的过程，是对文化历史责任的主动担当。我之所以要谈中国文化，谈木文化，正是希望藉此与天下同道之士共勉之。

嘉木意象

雅木成居

——木文化与中国人居智慧

以木为本，是中华民族自文明伊始的睿智选择。根植于中国传统的木文化，处处闪耀着古圣先贤、能工巧匠的智慧。历史在时光中缓慢褪色，木文化却因智慧的包浆，在历经秦时明月、汉唐风光，至今依然光彩照人，成为可以被触摸的真实。

独具慧眼的仓颉，撷取自然之美创造出文字。"木"是其中的象形字。在甲骨文和金文中，它都像一棵树的形状，上半部分是伸展的树枝，下面是根。《说文解字》这样解释：木，冒也。冒地而生。意寓木是大地之子，万物之源。中国古代的木构建筑，就是木头与泥土的结合。在夯实的基础上，托起生存的居所和安宁。在传统五行学说中，五种元素各代表一个方位，一种颜色，"木"代表即白

的东方，也代表生生不息。中国人以木制家，吃、穿、住、用、行，无一不与"木"息息相关。善于变通、创造的中国人，一向懂得将生活与智慧相互交融，例如围棋、太极拳、吃的文化、茶文化等无不渗透着中国人的传统智慧。有人说，中国有四大发明，如果中国人不发明，外国人早晚也会把它们发明出来，但是，中国人如果不发明围棋、太极武术，那么世界上大抵不会有这些东西，因为这是中国人独有的思想和智慧，体现在木文化中也处处相通。中国人的智慧，离不开生活问题，始终紧扣着人生日用，散发着浓郁的烟火气息。"道在人伦日用"说的就是这个道理，生活中的木文化是通过木建筑、木家具、木雕艺术等木制品展现出来，一木一世界，在庞杂的木

文化系统里，先来说说木结构建筑，它是我们中国人智慧的缩影。

"天地与我并生，万物与我为一"的道家思想，表述了"天人合一"的理想境界，在理想化的表述后面，主张倡导的是健康、自然的生活方式，这种思想在木结构建筑中处处得以验证。一方水土养一方人，由于地质、地貌、气候、水文条件的地区差异，派生出不同木建筑，比如：南边气候炎热而潮湿的云南山区有架空的竹楼以及叫作干阑的木建筑；北方游牧民族有便于拆卸的轻木骨架覆以毛毡的毡包式居室；东北与西南大森林中则有原木垒成的墙体"井干"式建筑等等。他们就地取材，利用自然中材料搭建理想的居所，这种顺天观，使人与环境达到和谐、统一。我国古代木结构建筑的智慧就其是从自然中汲取精华，模仿生态的形式加以创造。除了游牧民族，木建筑都有一个特点，无论辉煌的宫殿庙宇，还是普通民居，如北京四合院，苏州、扬州的厅堂式、花园式，

厅堂式内景

独乐寺观音阁

天井成为这些建筑不可或缺的重要元素。中国人将庭院围起来，拥有独立、私密的空间，保障合家团聚、财富安全，与外界保持了距离，自然也被人为地隔开了，但是在中国人的观念中，天地人的关系密不可分，于是，古人智慧地利用天井与天地相连。扬州、苏州的木结构庭院，前面是一个大天井，后面是大厅，大厅后面两个像螃蟹眼睛一样的设计，这个风眼让穿堂风吹过，过堂是天井中间最绝妙的地方。没风的时候，由于这个构造，空气自然就流通了，这都是中国传统木建筑中，充分利用自然条件来创造出良好居住环境，人仿佛居住在会呼吸的房子里，这与现代的空调相比，多了一分健康和自在。天井连接的，不仅是天与地，更是中国人心中的理想和哲理。

随着时代的发展，由于人口的增长，木结构建筑在高度上的局限性突显出来，于是木结构建筑逐渐被钢筋水泥所替代。但是，与西方刚性建筑相比，木结构建筑在防震上的优越性却是无可替代的。著名的应县木塔、辽代木塔、独乐寺观音阁等都是古代重要的木结构。尤其是独乐寺观音阁，近一千年来，经过八次大地震岿然不动，底层部分的斗拱都已经压扁了，但整个形制没有变；现存世界上最大、最完整的木结构古建筑群故宫，在嘉庆十八年，经历了关西大地震，整个太和殿剧烈晃动之后，又恢复了平静，宫殿没有受到损害，雍和宫柱子发生移位，但房子没有塌。这里"墙倒屋不塌"的功效，则是源自木结构的柔性连接，使整个结构充满弹性和自我修复的能力。其中榫卯、斗栱、梁架起到重要的减震作用，展示出古代工匠们在抗震设计方面的智识和匠心，体现了道家"以柔克刚"的生存智慧，"上善若水，以柔克刚"，道家创始人老子认为柔弱胜刚强，表面上的坚强刚硬并非真正的强者。因此，老子说："守弱曰强。"要想持守柔弱这种真正实质上的坚强，就要戒除表面上的刚强。这些木构宫殿，没有使用一根钉子，却具有太极"四两拨千斤"的绵力，将整体紧密地团结在一起，只有中国的木构体系才能承受这样的沧桑巨变，这种木构体系的建筑影响深远，不仅解决了人民居住的问题，更重要的是它能抵御不可抗力的冲击，几千来默默地呵护、守卫着中国人。这份情感，也将大巧若拙的智慧，深植在中国人心中。

今天，木结构建筑已经不再成为主流，我们只能在名胜古迹、老宅深巷甚至荒远乡村一睹旧貌，回味其间蕴含的内美和智慧。而古典家具的盛行，让今人在钢筋水泥的包围中，依然可以找到顺应自然的家居生活，为自己的心灵划出一片栖息之地。

"茫茫溯薪火，渺渺见精神"，中国古典家具深受道家哲学的基本思想与观念的影响，形成了"道法自然"、"天人合一"的观念。例如，古典家具很少用漆，仅以打磨擦蜡工艺，使自然的质地、色泽、纹理更加清晰、光润细腻，充分彰显木材本身的质感和自然美。虽然外表看似平凡无色，确具天然去雕饰的本真之美。同时，古典家具上都留有一定的缝隙，看似粗陋却暗藏玄妙，事实上，古人早就发现了干缩湿涨的现象，若施以铁钉、胶水固定、粘合，家具很快就会变形损坏。聪明的工匠利用科学的榫卯结构，将木材巧妙地穿在一起，留出了让它自然变化的伸缩逢，在一个稳定的框架内，木头可以按照它的性质随意变化，这种虚位，相互吻合，又相互留下余地，

花鸟月洞架子床

在阴与阳的对立统一中，创造出稳定、和谐的关系，这即是"道法自然"。明式家具中，圈椅以上圆下方来表达"天圆地方"，成为"天人合一"的特殊注释，天为"乾"处于不断变化中，地为"坤"则是收敛静止的，在变化中不断进步，在静止中寻求安宁，和平与发展仍然是当今世界的主流取向，祖先从神秘的宇宙中觅得的启示，化无形为有形，融入朝夕相处的生活。以直线为主的官帽椅、太师椅、宝座等多是男人的用具，而圆润玲珑的绣墩、梅花凳等多为闺房之用物，仅仅从椅凳的形制上就能看出中国传统的礼仪、秩序，以圆转线条为主的中国古典家具，体现了中国人追求圆融无碍、虚怀若谷的处事智慧……因此，中国的木匠造房架屋，打造家具，他们的眼力、心法，都需要火候和修炼。好木匠不但要修艺，更须修心，懂得做人的道理。家具，是中国人与自然沟通中的天才创造，人们与它，一同生活、一同呼吸、生老病死，直至永恒。

传统智慧"移情"于木文化，是道家思想中所强调"独与天地精神相往来"，也是儒家思想在潜移默化中，将中国人的秩序和信仰纳入其中，这种精神超越，使日常生活的趣味，从宏大的智慧、道德升华中，转为平实、细致而闲情的追求。无论入世还是出世，充满生机与兼容性的木文化，在穿越古今的接榫中必将大行其道。

嘉木文华

——木文化与中国文人艺术

"君子不器"是孔子说的，有痴木者译作"君子不是东西"。如此阐释贻笑大方，然冒犯君子事小，冒犯孔子就得罪了天下的读书人。读书人或曰文人，在器与不器的分野上十分较真。几千年前，比孔子更早的贤哲管子就说过："形而上者谓之道，形而下者谓之器"。因此，形而上是中国文人孜孜以求的精神境界，也是一切文化由器入道的抽象之门。

与我们生活息息相关的木文化亦如此，若非文人在诗、书、画、印之外，又多管闲事地对木头进行种种形而上的加工，那么，一件整饬得再结实耐用的木器，即使传家几代也不免朽然而逝。这世间只有精神和思想能够长久流传，元人许有壬说："两竿瘦竹一片石，中有古今无尽诗"。由于文人的加盟，木文化的年轮由上古一直传承至今。

从千丝万缕的关系中抽出文人这根线头是自然而然的事，因为文人与木一样，具有春生之性 。春天来临，草木生发，一派生机盎然的无限春光，一同盟生的还有文人的意气，"莫春者，春服既成，冠者五六人，童子六七人，浴乎沂，风乎舞雩，咏而归。"这是孔圣人的弟子曾子所言，极尽潇洒、旷达，在乐山乐水间，将身心与自然完全融合在一起，木文化里隐含着儒家向往的天人合一的思想和隐逸之境，沉缅其中的文人，将吟风弄月、饮酒赋诗、踏雪寻梅的心思转向木文化时，看似木讷的木器也随之风流起来。

尤其是代表着中国古典家具巅峰的明代，皇室与文人对木文化的参与热情空前高涨，在这股潮流裹挟下，木文化

官帽椅

的传播和对名木的追求更加波澜壮阔。

统治文化精英的皇帝，肩负治国安邦的重任，可是，一个皇帝放着金銮殿不坐，却一意孤行地去当木匠，那是个什么光景？不可思量，但这种事情放在明朝就不足为奇，明朝盛产不靠谱的皇帝。据《先拨志》载："斧斤之属，皆躬自操之。虽巧匠，不能过焉。"这位令巧匠汗颜并载入史册的人指的是明熹宗朱由校，明朝第十五位皇帝，文献载其"朝夕营造""每营造得意，即膳饮可忘，寒暑罔觉"。入迷到这般地步！身为皇帝参政之余，捎带做点儿木工活儿自娱，亦

无不可，朱由校呢？坦胸露背，挥汗如雨，忙着"斧斤之属"，想必龙袍太碍事了。他当木匠天分极高，几乎拥有木匠祖师爷鲁班的眼光，经他打量过的木器用具、亭台楼榭，都能够亲手做出来，他曾制成一座乾清宫的模型和蹴圆堂模型五间，小巧玲珑，十分精致。他成为中国历史上第一个木匠皇帝，无可争议地，可惜活到二十三岁就"薨"了。二十三岁正是一个人精力、智慧、想象力、创造力最旺盛的时候，若假以天年，明朝的木制家具、木器、亭台楼榭也许会更加辉煌。短命的朱由校谥号达天阐道敦孝笃友章

乾清宫内景

文襄武靖穆庄勤悊皇帝，繁复至极，明代的木制品却在现实困境中走向反面——简练、质朴、利落、优美、精良。

"上有所好，下必甚焉"，由于皇帝朱由校的亲躬，带动了从朝廷到民间对木文化的追捧，明朝文人参与木作蔚然成风。朱由校对木工的情有独钟，与工具和明代名贵木材的盛行有关。1573年，第一把木工刨子在能工巧匠手中诞生，这种工具的出现大大提高了木材加工的能力，也降低了劳动强度，使养尊处优的皇帝拿得起用得来。刨子对付硬木很

管用。但是，早在刨子出现之前，第一批南洋名贵硬木做为压舱，随郑和宝船的返航进入大明帝国，如何驾驭这些密度极高的贵重材质，木匠们势必绞尽脑汁，耗费百年光阴，终于得到解决，加快了硬木制品的制作发展和繁荣。这是人类智慧的胜利，也是对精良材质的敬畏与呵护，是人与木之间的又一次"双赢"。

明朝中期，众多的文人参与和投入到家具的设计中，使明代家具从设计、制作、收藏、摆放、使用都融入到一种

醇厚的文化氛围之中，文人不仅以书入画，或以画入书，甚至将书法线条运用到不相干的家具设计上，独创形成了颇具柳体颜体楷书线条趣味的家具。古人"比德与玉，比木与材"，好的家具离不开好的材料，由于精良木制器具的发展和流行，民间对名贵名材的追捧空前高涨，以至崇祯皇帝严令禁止民间使用紫檀、黄花梨，据为皇室专宠，红酸枝、乌木等也只能为官绅士家所有。皇室的垄断与征伐暗含了太多中国韵味的东西，木文化所代表的东方神韵和高贵气质，就像东方人持守了几千年的玉文化一样，在历尽岁月沧桑后，形成更加迷人、厚重的包浆。紫檀、黄花梨都太难得，但是，这并不妨碍文人纸上谈兵。

"明四家"之一的仇英，擅长绘画，尤工"重彩仕女"。其代表作《汉宫春晓图》描述初春时节汉宫嫔妃生活的画面，画中女子服饰、发型皆为汉代式样，但宫室、家具的形制却是典型的明代风格，其中家具数量繁多、绘制精美，堪比一套苏作家具的设计图纸，令人啧舌，文人涉足家具设计，从画中可以一窥端倪。在艺术创作中植入家具创意，成为不少文人的余嗜。明四家中以"点秋香"而妇孺皆知的唐伯虎，对家具设计也很在行，时常突发其想，甚至不惜偷梁换柱，在临摹名画《韩熙载夜宴图》时，除原作中二十多件家具外，又根据自己对明式家具的爱好、独具设计增绘了二十多件家具，种类涉及桌、案、凳、屏等，且陈设适宜、布局合理，不仅起到了对原作的烘托作用，而且充分反映了唐寅对明式家具款式、布局的体察入微、熟知有素，他将原作中的双枨改为更简洁流畅的单枨，虽然打破了历史的真实性，从中我们可以看到他在家具设计方面的审美追求。唐伯虎还在《琴棋书画人物屏》中对书斋的全套家具进行全景式白描，其中屏风、斑竹椅、香几、榻等家具共计 30 余件，无不精美非凡，摄人心魄。如今，苏州有关部门已准备还原唐伯虎故居，计划将唐伯虎画中的家具复制成房中实物。届时，观者在畅游山水的同时，可以亲眼一睹这些高雅古朴的木器，领略自然之美、人文之美，这实在是很有文化的举措。大收藏家王世襄先生曾经

明 仇英 《汉宫春晓图》

感慨：苏州的拙政园，如果厅堂里摆上明代家具，该多么调和使游人舒服愉快！明代木家具的缺席，对苏州园林是一个锐利的讽刺。

除了画家，想像力旺盛的文学家染指木器设计更是顺理成章。明代戏曲家、文学家屠隆曾写过一本杂著，名曰《考槃余事》。在这本杂著中，他设计了多种郊游轻便用具，比如叠桌、衣匣、提盒等。如今阿妈们喜欢的足底健身器械滚脚即发祥于此。著有传奇《玉簪记》《节孝记》的明代戏曲家高濂在他的杂著《遵生八笺》中，设计了两张床。一张是两宜床，多功能设计，冬夏两季可用。另一张是欹床，高低可调，既能读书休息，又能月下观花，极具匠人机巧和文人雅趣。这些设计经笔墨绘声绘色的描述，今人完全可以依言行事，或许今天在沙滩上、桑拿房里休憩的躺椅就来自其中的灵感。另有著名的戏曲家、作家李渔，在他的杂著《闲情偶趣》中设计了两件独具匠心的凉杌和暖椅，在不通电的年代，聊充空调之用，其间创意妙不可言。

从未有过哪一个朝代像明朝一样，有如此之众的文人钟情于木文化。他们醉心于明式家具，乐此不疲，与铺张浪费、

五代南唐 顾闳中 《韩熙载夜宴图》

充门脸、摆阔气不是一回事，这些凝结着文人心血的高度艺术形象，已经不仅仅停留在实用品的层次，更接近于深层次的艺术享受，一种精致的审美生活的延伸，从而更加具有文化情趣和收藏价值。

儒家赋予了明代家具以圆融、温厚的君子风范，头把"交椅"的郑重折射出儒家思想在人与人关系中的等级观念；道家赋予家具以空灵、飘逸的出世情怀，由圈椅上圆下方的的设计可见一斑，明代家具使用珍贵红木不加髹漆，呈现纹理的天然之美，寄托文人"居斗室而心游天下"的山水情怀。明代家具以其历史性、民族性、开放性和包容性，成为中国传统文化的集大成者。当现实社会离传统文化越来越远的时候，明代家具依然保留着扑面而来的书卷气和君子风范，让我们在感叹之余多少聊以慰藉。

历经世事沧桑和浩瀚精深的文化浸润，明代家具所代表的，已是传统文化与传统价值观本身。它的珍贵和稀缺，决定了它拥有无可厚非的经济属性，但它身上所承载的艺术和文化附加值才是真正重要的。收藏明代家具已经成为收藏家的奢望，他们以拥有一件精良的明代家具为毕生追求，马未都、王世襄都是明代家具的收藏大家和研究者。著名的考古学家、金石学家陈梦家先生，一生笃爱明代家具，交椅前拦上红头绳，不许碰，更不许坐。遗憾的是，解放前大量明式家具被外国人捆载而去，与珍贵的铜器、绘画、雕塑、陶瓷等文物一起，成为一个民族覆水难收的遗憾。

幸运的是，明代家具所涵养的文化精髓已经成为基因，代代传承，无论是实物还是停留在纸上的描摹，在令今人高山仰止的同时有了再造的依据。随着社会的进步和人们生活方式的转变，代表着明代经典红木家具已经从庙堂走向民间，进入寻常百姓家，享受经典不再是高不可攀。在"越传统越经典，越古典越时尚"的理念引导下，古典红木家具成为时尚家居的品牌符号，既蕴涵着中国的传统文化，又洋溢着现代开放的气息，为社会各个年龄、各个阶层的人士所接受，并以不断增长的速度逐渐渗透于现代人的生活中，良禽择木而居，好品质的生活需要有好的家具相伴。

借着文人与明代家具缠绵悱恻的关系，使我们明白，木与文人之间碰撞出的文化诉求和知遇的无价情感，恰如一江春水，宁静绵长不绝如缕，而今人所能感怀的是，在浩瀚无垠的时间中，生命如此渺小，如何不借着丰富而实在的生活，贴着自己的欲望，既不寡淡也不奢靡，在丰衣足食之后，适时地链接起文化这一精神食粮。而古典红木家具与这个时代的氛围十分协调，在时尚不断转着风向，人们不知道要制造出什么来享用和增值的时候，可以从中找到可靠的方向。

盛木为怀

——木文化与传统宗教情结

在中国，宗教盛行的地方，往往会有一些神树，具有沟通天地的能量，这大概源于东方人对木的特殊情感。树木被神话，似乎是很自然的事，如果没有遇到自然灾害，树木是可以与世长存的，许多树木的寿命都在百年以上，台湾省阿里山的红桧，竟有三千多年的历史。层层叠加的年轮，本身就如神话。对神木的崇拜，成为中国人的自然宗教之一。

万物有灵，是中国人较原始的宗教情怀，我们无从知道，古人是如何选择神木的，仅从字的边旁部首可以一窥端倪。带鬼字旁的树，非精即神，比如槐树，在神话故事《天仙配》里，不仅充当媒人，还能说会道，促成天上地下一桩姻缘。近来有好事者，找到树的原型——安徽

西青区南河镇傅村一株老槐树，不知真假，年龄比秦始皇还老，当媒人是够资格了。还有一种树叫"鬼见愁"，据《千手合药经》说：如果修行者要降伏大力凶猛的鬼神，只要砍取一根这种树，以真言加持二十一遍，然后供入火坛中，即可降伏鬼神而平安无事了。崔豹在《古今注》说得更具体："有一个神巫叫宝眊，能以画符念咒召集百鬼，再用鬼见愁树棒打杀"。人看不见鬼，但心里踏实了，这是理想而环保的驱邪之物，制成手链、念珠，当作礼品、收藏品都很通达，即便是无神论者，也不会拒绝平安二字。鬼见愁不那么易得，在民间一直有以桃符避邪之风，《山海经》记载，东海度朔山上常有百鬼出没，神荼、郁垒两兄弟

袁荃猷 1996年4月刻《大树图》

于是出来降鬼，每年岁尾站在一株大树下捉拿百鬼，用一种特殊的、无法挣脱的"苇绳"将恶鬼绑起来，专送给神虎充饥。但是鬼太多了，捉起来太累人，于是智慧的黄帝想出一个法子，在春节前夕让家家户户都用桃梗刻制神荼、郁垒像，悬挂门前。再到后来，人们嫌刻木也麻烦，就直接在桃木上画两个神像，题上神荼、郁垒的名字，让他俩当门神，到今天，桃符已经被春联取代了。树木不具有侵略性，是安全系数极高又温存体贴的生活良伴，因此，在自然界中被公推为驱邪避害的首席载体也就是顺理成章了。

真正带来信仰的神木是菩提树，它从遥远的古印度传到中国，之所以能够遍地开花，和中国人的木崇拜情结有关，基督教的受众就少得多，比起沉重的十字架，中国人更愿意相信坐在神树下开悟的释迦牟尼，悟在中国传统哲学里很重要的理念，菩提的意思就是开悟的智慧。佛祖释迦牟尼的一生都与树木有关：

他降生于外婆家花园里的一株无忧树下，成佛于菩提树下，最终圆寂于娑罗双树下，由始至终，树木和佛教结下不解之缘。

明 木胎漆金 释迦摩尼诞生佛像

诸法由因缘而起，缘是佛家思想的重要概念，它像风一样抽象，看不见摸不着，却无时无刻不在世间轮转，就像

中国人与木的缘分，从一开始注定就难分难舍。人在天地间，也在历史和现实间，对木的选择造就了中国人独特的思维方式和审美心理。广结善缘，众缘和合。这是木的精神，也是佛法对中国人的教化。中华汉土文化，在历史发展的进程里，就是在不断吸收外来民族的营养，不断融会中壮大自己。佛教文化的输入，不仅给中国人的社会生活、思想观念，以及文学、音乐、美术等等方面都带来了新鲜活力，对于华夏几千年的起居方式的改革和演变，起到了极大的推动作用，历史证明，吸收外来文化最多、最广，影响最大的莫过于佛教文化了。一棵菩提树开启了中国人的智慧，也谱写了木与宗教的不朽篇章，当深入到佛教中的各种法事、仪轨时，木做为其中不可或缺的器具，处处彰显着"上求佛道、下化众生"的力量。

佛教的建筑多为木结构，经过在中国的发展与中国传统建筑的交融，形成具有中国传统形式的布局。在中国古代的城市里，主要的大型建筑只有皇帝的

宫殿，贵族的府第以及行政衙署。这些
建筑是警卫森严的禁地，而且在形象上，
和广大人民的比较矮小的住宅形成了鲜
明的对比。有了佛教建筑之后，在中国
古代的城市里，除了那些宫殿府第衙署
之外，也出现了巍峨的殿堂，这些佛教
建筑丰富了城市人民的生活，普罗大众
可以进去礼佛、焚香，亦可在广阔的庭
院里休憩，这些由木结构建造起来的宫
殿既雄伟又不失轻盈，既肃穆又不失世
俗的亲和，为中国人的身心注入安逸、
平和的气息。寺院里佛像、供桌、用具
无不与木有关，在颂经声之外还有一种
会唱歌的木头——木鱼，它是佛道二教
最常用的木制鱼形法器，剖木为鱼形，
中凿空洞，敲之发出朗朗之声。木鱼有
两种：一种为圆形，刻有鱼鳞，和尚念
经时敲敲，以调音节。又说，鱼睡眠时
是不闭眼的，提醒和尚念经时要集中精
力，不要有口无心呼呼入睡。另一种为
长形，悬于寺院斋堂之前，朝、中二时
粥饭击之，禅僧呼之为"梆"。 金刚橛
也是木质雕刻而成，大的金刚橛通长 29

《佛光普照》

厘米、直径 5.2 厘米，小的金刚橛通长 18 厘米、直径 4 厘米，金刚橛是密宗降魔镇妖的法器之一。在修行密宗时，将金刚橛插于坛城四隅，用以结界，使坛城坚固如金刚，诸障无法侵扰。看似弱不禁风的木，在宗教宏大力量的辉映下，拥有了不可思议的神力。

赠人玫瑰手有余香，佛教以香来寓意心灵的美好，以此奉劝世人出离自我私心，从恶念中解脱出来。檀木、沉香等外来木、都是佛教里的有名香树。檀在印度的梵中，有"布施"的意思，这或许是檀木进入佛教仪式的缘起。因此，佛制品多为檀木所制，佛珠，佛经书、护身符等，多不甚数。在《增一阿含经》卷二十八记载，佛陀成道之后，至忉利天为佛母摩耶夫人说法三个月，当时，憍赏弥国优填王非常思慕佛陀，于是请毗首羯摩天造佛陀形像，这是世间有佛像之始。相传优填王造像的同时，波斯匿王造金像，但是法显于《佛国记》中却记载，波斯匿王所作是牛头旃檀木佛像，优填王用的栴檀木，就是檀香木。

《问道》

世界上现存的檀木，有青檀、白檀、绿檀、紫檀、黑檀、红檀、黄檀等，每种颜色做成的佛珠代表的意义各不相同，集齐所有颜色的檀木佛珠为最好。"一念去而万念不存"，紫檀念珠代表了百毒不侵、万古不朽、邪不沾身，对受持者有全方位的卫护。檀木所散发的香气有益身心，使情绪平衡、安祥、沉静，益于禅定，檀木还有净化空气的奇效。在今天生活节奏不断加速的时代，手腕上戴一串紫檀，让佛祖心中留，也让心如止水不受外扰。

佛教文化与木的碰撞，不仅在寺院、僧佛之间，对世俗的改变也起到潜移默化的作用。例如佛教用具促进了汉地家具的发展、改革和演变，起到了极大的推动作用。在佛国家具的启迪下，中土的匠师们从佛座和塔基的须弥座中吸取灵感，又创造出箱型结构和束腰家具的新形式。佛教的输入，带来了高型坐具，在高型坐具的带动下，汉地的其他高型家具相应兴起，这是我国家具史上的关键一页。因此，佛教的输入，须弥座的

《达摩渡江》

出现，开启了中原匠师的灵感和创造力，创造出箱型家具和束腰家具。也就是说，中国人是从唐朝以后才开始有桌子的概念，从席地而坐的几案到高型家具的出现，佛教文化以其广大的公信力，无意中改变了中国家具的命运。如同凤凰涅槃，失去生命的树重获新生，在木家具中继续存在下去，并在岁月的洗礼中不断焕发光彩，由宋走向明清木家具的辉煌巅峰。

佛教文化与中国传统文化相互渗透，对家具的影响十分深远，在今天的古典家具中，依然可以看到佛教镌刻在木家具上的烙印，由佛教延伸的禅宗和文人追求的禅意，在现代家具的设计中都表现得淋漓尽致。佛教经典中阐释的三观，不自觉地透露出丰富的美学意蕴，和世俗追求的圆满、和美、吉祥，由这种思想营造出来的家具充满独特的意境风格。例如莲花这一佛教题材，本是涅成佛之台座，返本归真之环境。但在中国的佛教纹饰中，却以柔美坚韧的形象，代表贞洁与高尚之品性。于是，莲花这一母

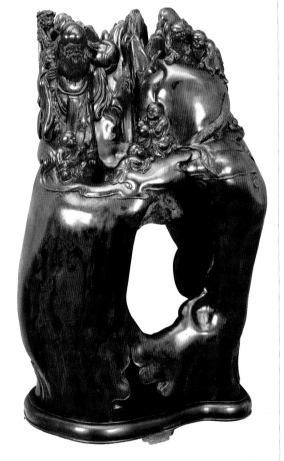

《五子供寿》

体文化的题材便被人们赋于新的更浪漫
的解释，并长期使用于佛教图案中，而
在某些民族文化中，几乎所有的程式化
了的佛教纹饰，都有了文化诠释或理性
的阐释。众多的纹样被采纳到中国俗文
化的福、禄、寿、禧等象征形象中，或
者进一步构成同心、万字、方胜、连理
等民俗图案结构。与佛教图案有关的如
意纹相当广泛，它的基本形状是一大一
小的两个云头状曲线形，中间用一条有
停顿转折的圆滑波线形联结。纹饰就是
更新的统一的产物，是文化层面上追求
精神、心态的表现的反映。明清两代家
具纹饰题材最突出的特点是大量采用了
这些带有吉祥寓意的母题，充分体现了
佛教与木文化的交融。

我们今天使用的这些家具以及木制
品，不仅仅是古典主义和实用主义在生
活中构建的物质享受，同时也是一个古
老、智慧的宗教与温存、美好的木文化
架设的精神楼阁，让今人在"盛木为怀"
的宗教情结中乐得其所。

五代南唐 周文矩 《重屏会棋图》

从"刻木铭心"到"巧夺天工"
——仙作艺术探源

明代徐霞客游九鲤湖,看到如同桃花源记一般世外仙境的时候,心情大好,寻思着今晚应该放松放松,静候九仙来梦里相会。至于赏美景,且等明天。(原文:今夕当淡神休力,静晤九仙。劳心目以奇胜,且俟明日也。)可见大凡到了仙游九鲤湖的人,都是冲着仙梦来的。于是,这一夜他在祠中祈祷九仙托梦。(原文:是夜祈梦祠中。)

九鲤湖跟五岳、黄山、雁荡山比起来,

名气不算大。但是仙游九仙之灵验，似乎传播得颇远，把徐霞客这样的"资深驴友"都吸引过来了。要知道，徐霞客是江苏人，居然不远千里慕名来九鲤湖寻梦，尤其在信息传播那么落后的古代，尤谓难得。当然，这和宋、明两代莆仙人盘根错节地在朝为官、势力广铺有关系。陈俊卿诗句"地瘦栽松柏，家贫子读书"是最生动的写照，莆仙一贯重视文化教育，为朝廷培养了一大批官员，蔡京便是其中极具争议的人物。

蔡京的主子宋徽宗在政治上无能腐败，在历史上是出了名的。作为帝王，宋徽宗是不称职的，然而作为艺术家，他在书法、绘画、鉴赏等艺术品位上，造诣却很高。蔡京在文艺上也才华横溢，冠绝一时。两人抛开政治上的朽烂，倒是一对亦师亦友、亦臣亦伴的艺术知音。

蔡京先后四次任相，共达十七年之久，曾经"金殿五回拜相"，任职宰辅时间史上最长。据传，他在四起四落的失意之时回到家乡仙游，仍然思考东山再起。于是到九鲤湖祈仙梦，九仙梦示诗偈曰："刻木铭心处，乘雷可升腾。"其中"刻木"两字，对他来说真是莫大的启示。最刻骨铭心的事情，莫过于最辉煌的时候。当过宰相的人多，懂绘画的皇帝不多，能在皇帝的画作上题诗的宰相恐怕更少。"刻木铭心处"，不就是通过"刻木"来记述曾经在徽宗画作《听琴图》上奉旨题诗的恩宠，来唤起徽宗对他的念想之情吗？

仙游辈出巧匠，雕梁画栋，无所不能。于是蔡京把绘画中的人物故事刻于上等木材所制的罗汉床、屏风、椅背之上，以此进贡徽宗，深得皇帝喜爱。得以再度回朝。而徽宗所到之处起居用具都喜用此类硬木制作的用具，同时还要有雕刻如蔡京那种仙作风格图案。

当然，以上这段只是插曲罢了。不过，也正是其插曲，它从反面折射出徽宗年间，古典家具风格形成的时代背景与历史发展沿袭之脉络趋势。这岂非史家所言"往往无道之君，亦留有用之业"！在今天看来，它于后人自有借鉴之价值。

尤其是在"丰、亨、豫、大"奢侈风尚的

吟敫調高鬓千桐
松间疑有入松风
仰窥低蕃含情写
以聴无絃一弄十
日京諟題

聽琴圖

宋徽宗赵佶《听琴图》

引领下，徽宗下旨令蔡京为其大兴土木，继"花石纲"后建艮岳御花园，许多器物用具的摆设，皆是由蔡京长子蔡攸亲自设计、督办、验收的。此外，还有不少皇帝御用之桌、椅、床、柜、案几、围屏、挂壁等的形制与图案，也是蔡京亲自把关敲定，其关键处还亲自描绘、雕镂的。所以，正因有诸多艺术魅力，莆仙一带的木雕深受其审美观点的影响，件件制成的家具都遗留下其思想和情趣的烙印，其对后世风靡全国的仙作古典家具流派的诞生，亦产生不可磨灭的影响。

蔡京对莆仙木雕做出的贡献巨大，以致于后世普遍认为其"刻木铭心"的典故即为仙作的起源。这里我们必须清晰的看到，宋式家具虽较前代的家具有了较大的改进，但若说"成型"还为时尚早。综观中国古典家具发展史，中国古典家具真正成型起始于明代中叶，"刻木铭心"的仙作起源说也便就站不住脚跟了。

仙作古典家具艺术流派，历经上千年的历史传承，形成了许多风格各异的

艺术门派。纷呈的门派，将仙作艺术点
缀得姹紫嫣红、绚丽多姿,使之代代相传、
繁衍生息。时光流溯到近代,"仙游画派"
诞生了著名国画大师李耕、李霞，洋塘
因邻近度尾，上世纪中前期，很多洋塘
工匠与是这两位大家相交莫逆，他们的
雕刻特点融入了李耕国画诸多艺术元素，
当时莆仙艺人雕制的花鸟大多是依照李
耕、李霞两位画师创作的画稿制作的。
仙作诞生的土壤，可谓异常丰沃!

本色罗汉床

仙作根植于莆仙一带浓厚的文化土壤，而真正奠定仙作艺术风格的，则是清末民初的旷世巨匠——廖熙。这个位居晚清木雕"四大家"之首，被誉为"晚清木雕艺术集大成者"的一代宗师，在传统国画艺术、雕刻艺术与家具制作技艺上均有精湛的造诣，在群星灿烂的中国木雕史上，廖熙无疑是最璀璨的一颗，其在中国木雕史上作出的杰出贡献，甚至超越了鲁班。

廖熙的一生，有着颇多的传奇经历，至今仍被民间广为传诵。这位巨匠诞生于木雕世家，其五世祖廖明山曾以"善用寸木雕镂人物、花草、虫鱼等"闻名于世，而廖熙在艺术上的天赋丝毫不逊色于他的先祖。从其13岁时起，他的作品就连年被当选为贡品供奉于朝廷，成为廖家子弟中的翘楚。光绪十四年，时仅26岁的廖熙被征召入京，带领廖家班底重修园内建筑及景观，成就后世皇家园林典范之作——"颐和园"。光绪三十二年（1906年）起，廖熙担任内务府造办处的木作司匠，负责清宫家具营造统筹事务。光绪三十四年（1908年），廖熙组织役匠营造出一批卓越的宫廷家具，光绪帝龙颜大悦，赏赐寿礼甚丰，并欣然挥笔御题"巧夺天工"的匾额作为褒奖，可谓前无古人，后无来者，足以登极历代艺匠之巅。民国四年（1915年），廖熙更是代表国民政府参加巴拿马万国博览会，以其作品《代代相传皇宫椅》在展会上摘获金奖，这是中国第一次向全世界展示传统木雕及艺术家具永恒的魅力。廖氏工艺亦一举闻名世界，廖熙的作品自然成为了中外收藏家竞相追逐的顶级臻品。

晚年的廖熙深痛政治的腐败，闭门谢客，醉心于工艺，并正式奠定了仙作工艺以立体圆雕、精微透雕为特色，造型生动，雕工精细，线条流畅的雕刻艺术风范，创造出灿烂的篇章。至今我们仍能在福建省博物馆看到廖熙的木雕佳作《关公坐像》与《观音立像》。作品人物线条勾勒得疏密得当，表情栩栩如生，灵动间雅致质朴之气尽显。作为仙作的工艺源头之一，"廖家座"为仙作今天的

楠木雕关羽坐像
Nanmu wood seated statue of Guan Yu carved

廖熙　清(公元1644—1911年)
Liao Xi　Qing Dynasty(1644—1911 AD)

廖熙作品：《关公坐像》（现藏于福建省博物馆）

崛起输送了一大批工艺人才，使今天的仙作家具历久弥香，迸发出勃勃生机，遥遥领先传统的苏、京、广三派，成为当前市场上最具影响力的家具流派。

至今，莆仙一批七八十岁老艺人尚能追忆其技艺来源，至少可以追溯六代，与"廖家座"有着千丝万缕的关系。在他们还是小孩时，就听他们爷爷讲很多雕花的故事。这些老人很多已是三代甚至四世同堂，保守地从他们爷爷那一代算起，有着百年的传承时光。受廖氏工艺的影响，他们的先代尤擅长雕刻人物，

黄杨木雕观音立像
Boxwood standing statue of Avalokitesvara carved

廖熙　清(公元1644—1911年)
Liao Xi　Qing Dynasty(1644—1911 AD)

廖熙作品：《观音立像》（现藏于福建省博物馆）

施艺刀法圆润流畅，刻画的人物细致入微，五官传神，须发纤毫必现，衣袂纹理轻盈飘逸，人物造型清秀俊隽。细密处刀刀精致，宽敞处干净利落，无一处是废刀。

传统仙作的传承方式素以家族传承和师徒传承为主。在不断交流切磋中，渐渐在全国古典家具领域打出名望。历经百年时光，代代人才辈出，就近十年间，就有众多扛鼎大师出来引领仙作艺术潮流。

木作营造工艺作为仙游本地的传统

工艺，可划分为细木营造和大木营作两大类。细木营造也就是我们通常所说的家具木工制作技艺。它由选料、开料、烘干、下料、拼板、划线、开榫、打眼、开槽、组装等环节构成，小木作营造应用锯、刨、凿、锉及划线用的"勒子"等木工工具，以榫卯结构兜接，手工打造古典艺术家具。

小木作营造起源于仙游本地的"眠床"制作技艺。仙游风俗里，自古就有"结婚三件套"，即新人结婚时，必须要找木工定制三件新家具，一般为眠床、衣柜、脸盆架，是新人生活的必需家具三件套。多已经使用六七十年，上面雕刻的花鸟鱼虫仍栩栩如生，上的大漆也依旧光鲜，丝毫不见破旧。那时使用的不是红木，虽然只是普通硬木制作，但仙作工艺可见一斑。而只要到了适婚年龄，攒钱置办眠床成了结婚时的头等大事，那时评判谁家富裕，不是看谁家有车有房，而是看他家制作的眠床什么样，以此来辨

认殷实与否。"眠床"直接关系到主人家的"排场"，所以对"眠床"制作技艺小木作营造要求极高，制作过程十分讲究。仙游的眠床造型上三面有围，四角立柱，上安顶棚，顶下四周通常置有横楣。在制作尺寸上有"眠床不离八"的规制：即床脚的高度为一尺八寸，长度为六尺八，宽为四尺八寸，从床板算起高五尺八寸。整张眠床制作涉及 180 多道工序，需要工匠一丝不苟地精准裁切研制，往往需要好几位技艺精湛的老师傅通力合作，花费 3 个月甚至半年的时间才能完成。过程极其繁琐，但又要求一分一毫要做到丝毫不差。高标准制作要求，一代又一代能工巧匠的革进突破，使仙游木作营造精妙绝伦、巧夺天工。作为与雕刻同等重要的木作营造，渐渐地形成一个系统的艺术门派，繁荣了仙作的艺术风格。

新流派的不断涌现是一个艺术流派

艺术繁荣发展的生动体现。一个艺术流派只有扎根广阔的门派沃土上，方可谓繁花似锦，充满生命力，一个艺术流派只有出现百家争鸣，门派争奇斗妍的景象时，才能源远流长，薪火相传。洋塘雕花和坝下雕花，作为雕刻类门派丰富了仙作的雕刻技艺，木作营造派作为木工门派，把精湛的榫卯技艺演绎得炉火纯青。这些不同的门派夯实了仙作的根基，使之常盛不衰永放异彩。

珍材难得，古艺何求。仙作之美，在于其形、材、艺三处的完美交融，无处不闪耀着中国传统家具与文化的魅力，不论从工艺、文化还是从欣赏、收藏的价值来看，都能作为中国家具的典范。形主要是家具在造型和结构方面体现的整体美态，在选材时追求天然美，巧妙地运用木材天生的色泽和纹理之美，而不做过多的雕琢。仙作家具达到了中国古典家具艺术的顶峰，其成功的关键在于造型艺术。每一件成功的家具无不融进了设计者的思想、性格，无不体现出设计者对艺术、对生活的看法，具有独特的气度神韵和高雅格调，在线条背后寓有高妙的境界，是中国古代以道家为代表的人文思想在古典家具上的体现。实现了使用价值、观赏价值和收藏价值的完美统一。

神存富贵，始轻黄金。月明华屋，画桥碧阴。金尊酒满，伴客弹琴。取之自足，良殚美襟。闲暇之余品赏仙作家具，真不失是人生一大惬意的美事！

红酸枝

——压舱木的百年传奇

酸枝，红酸枝，大红酸枝，老红木，交趾黄檀，微凹黄檀……这些互相关联而内涵不同的名称似乎很容易让人混乱。

国家标准 GB/T 18107-2000《红木》把红酸枝类的红木贴上了几个标签：黄檀属（Dalbergia）树种；木材结构甚细至细，平均管孔弦向直径不大于 200 μm；木材含水率 12% 时气干密度大于 0.85g/cm3；木材的心材，材色红褐至紫红。从国标上看，红酸枝木所在的树种包括巴里黄檀、塞州黄檀、交趾黄檀、绒毛黄檀、中美洲黄檀、奥氏黄檀、微凹黄檀 7 种。其中以交趾黄檀、微凹黄檀两种应用最多，也最难区分。

抛开这些枯燥的数据，翻阅宗卷，细数红酸枝的前世今生，颇有趣味：被

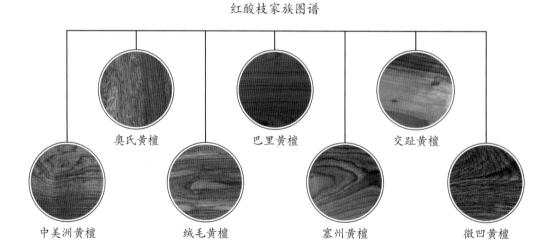

红酸枝家族图谱

奥氏黄檀　　　　　巴里黄檀　　　　　交趾黄檀

中美洲黄檀　　　绒毛黄檀　　　　塞州黄檀　　　　微凹黄檀

北京颐和园 斗拱走廊结构

郑和当做压船底的大料从东南亚运进中国，却因为"魏紫姚黄"的盛名，被皇家忽视，直到后两者一料难求，其木质之佳、材性之美才逐渐被重视，到了清末，红酸枝家具数量猛增，在清代宫廷家具中占有着极大的比例，与黄花梨、紫檀一起并称为宫廷"三大贡木"，其重要地位一直延续到今天。

一样珍木两种称谓

民国年间，赵汝珍在《古玩指南》一书中二十九章："唯世俗所谓红木者，乃系木之一种专名词，非指红色木言也。"、"木质之佳，除紫檀外，当以红木为最。"

这里关于"红木"的只言片语，虽没有对其木材的外观、特性、功用进行描述，但却微言大义地为红酸枝给予了血统上的正名，承认了其作为名贵木材的历史地位。

不过，上述历史文献中记载的红木

并非是国标中所说的全部红酸枝类木材，而是指红酸枝中的一种，即交趾黄檀，在民间又被称为"老红木"。按照北方地区的说法，狭义的"红木"包括了红酸枝和黑酸枝在内。后来人们发现红酸枝原来不止一种，于是加上一个"老"字，将常用的称为老红木，而将过去很少见到的一些品种称为"新红木"。

郑和带回来的压舱木

红酸枝最早进入中国是在明朝。永乐、宣和年间，为安定海外，宣扬国威，郑和曾七次出使西洋。下西洋乘坐的宝船十分庞大，携带着各种奇珍异宝，到达过东南亚、印度及非洲东海一些国家。在回程时，怕船在海上太过飘摇，东南亚砍伐了大量的交趾黄檀和其他红木木材用于压船，交趾黄檀即是红酸枝的一种。《红木》中国国家标准的第一起草人、中国林业科学院木材工业研究所副研究员杨家驹在说到红木家具和郑和下西洋的关系时说："郑和七下西洋，曾到过越南、印度尼西亚的爪哇和苏门答腊、斯里兰卡、印度和非洲东海岸，给这些国家带去了中国的丝绸和瓷器，而带回来

的，主要就是红木，因为红木分量重，正好做压舱之用。"也正好印证了这个观点。

随着红木进入中国和海运的开放，从海外大量涌入中国，一些能工巧匠把木质坚硬、细腻、纹理好的红木——黄花梨和紫檀，竞相制造出在坚固程度和美观实用等方面都超越了前代的家具、工艺品及园林设计建筑，从而促进了明及清代前期家具制造业的空前繁荣。而红酸枝因作为家具用材的历史不如黄花梨和紫檀悠久，虽然其在材质上要胜过黄花梨和紫檀，但仍未受到足够的重视。在流入中国后的三百多年时间内，红酸枝材料及其制成的家具散落在民间，并未被历史所垂青。

清宫王府的传世家具

乾隆晚期，黄花梨和紫檀日渐难求，清朝政府遂派人前往东南亚一带寻访、收购木材，他们发现了木性优良、美观耐用的红酸枝，于是红酸枝作为黄花梨和紫檀的替代品从南洋进口中国。

据考证，酸枝木家具在清宫中出现是在乾隆二十年以后。在内务府档案记

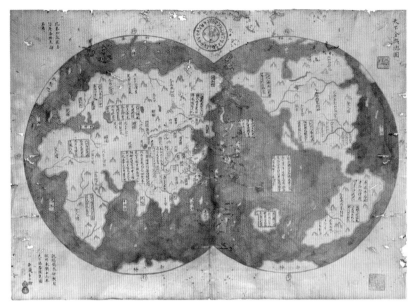

郑和船队远洋航行发现图

载中，酸枝木原料被称为"海梅木"，制成的家具通称为红木。从内务府造办处档案记载来看，早在乾隆二十几年，内务府造办处活计档里就有不少关于宫廷红木家具的记载。

乾隆造办处"油木作"记载："于五月初三日为宁寿宫寿堂现设自鸣钟一对，添配红木香几，画得纸样一张，呈览奉旨，准样照做，钦此。"、"五月初四日员外郎五德、库掌大达色、催长金江舒兴来说太监常宁传旨，方壶胜境现供龛下添配红木供柜五件，垫墩八件，垫起，钦此。"

从上述档案可以看出，在当时红酸枝只是作为补充性的木材，主要用来制作香几这种小件家具，而紫檀家具还在宫廷中占据着主导地位。

乾隆四十年以后，酸枝木大量进入清代宫廷，成为乾隆后期宫廷家具制作的重要原料。因为来源充裕、木性优良、外观美丽，以其制成的宫廷家具种类及数量极为丰富，包括红木香几、红木挂屏、红木桌屏、红木桌灯、红木壁灯、红木方灯、红木玻璃灯、红木插屏等。

到了清代后期，酸枝木家具数量猛增，在清代宫廷家具中已经占有着极大的比例和重要的地位，与黄花梨、紫檀一起，并称为宫廷"三大贡木"。

除了在清末的宫廷中扮演重要角色，在民间，酸枝木家具更是深入人心，受大江南北民众的喜爱和追捧，成皇亲、富商、名仕居室内不可或缺的家居陈设。清末光绪三十三年出版的广东署禺人黄世仲所写的著名谴责小说《廿载繁华梦》中就出现了大量酸枝木家具的描写。如第二十六回中写道，酸枝木的大号台椅与金嵌花的帐勾、杭花绉的棉褥子、美国办来的上等鹤茸被子等珍贵奢侈的家居产品，成为富户家居陈设必不可少一部分。光年间扬州人邗上蒙人所著的关于扬州地方风土人情、城市生活的小说《风月梦》里也用大量的篇幅描写红酸枝家具："……桌椅、脚踏、马机、茶几都是海梅的……""……摆列一张海梅香几，挂了一幅堂画……"需要一提的是，在《风月梦》这部书里，提到的红酸枝家具皆称为"海梅"家具，这与乾隆后期内务府造办处将海梅制成的成品家具称为红木家具的说法有所差别。

木中君子温文尔雅

红酸枝色泽、外观与紫檀接近，前者材色红褐至紫红，后者材色红紫，但时间久了，它们都会呈现出高贵而美丽的紫红色。周默在《木鉴》中讲到"有的出产于泰国北部的老红木，颜色接近檀香紫檀，表面呈紫黑色，油性重，黑色条纹清晰。"红酸枝加工制作成的家具，经过砂纸多番打磨和毛轮抛光之后，更会显得温润柔和、光泽动人，随着岁月的沉淀，它包浆之后的外观效果，与檀香紫檀相比几可乱真。

同时，红酸枝的纹理又与黄花梨类似。王世襄先生在《明式家具研究》中说到："新红木颜色赤黄，有花纹，有时颇似黄花梨。"很多人都以为"鬼脸纹"、"山水纹"、"水波纹"、"凤眼"等纹理为黄花梨所独有，其实并不尽然。红酸枝的纹理同样呈现出丰富多样的样式。不论是黄花梨的"鬼脸"，还是紫檀的"牛毛纹"，还是黑黄檀、乌木的条纹，在红酸枝中都可以找到类似的纹理，其富于变幻，灵动纤巧的各种纹理，令人称奇。

三联橱

　　王世襄先生著述中所言"难辨"之情状，从另外一个侧面肯定了红酸枝的外观特征，某种程度上甚至超过了黄花梨。

　　功成而弗居是中国文人崇尚的美德之一，红酸枝就是拥有着此般美德的贵材。在国内很多地区，红酸枝家具至今仍保留着"红木家具"的说法，说明其在红木大家族中占据着怎样重要的地位，应该来说算是"功成名就"了。可是它却长期被黄花梨和紫檀的光芒所掩蔽，几百年来甘于陪衬而不疾以声色，如谦谦君子一般，宠辱不惊，超脱淡然。今天，红酸枝的价值被世人重新审视，已然成为市场上最具投资价值的名贵木材。我们有理由相信，六百年前压舱镇浪，见证郑和七下西洋的传奇之木——红酸枝，必将在新时代缔造古典家具的又一奇迹，为古典家具文化的传承与发展，书写更加辉煌的篇章！

论仙作家具的雕刻艺术

古语有云：如切如磋，如琢如磨。人或者器物，只有在精心地打磨、雕琢后，才会细腻温婉、光彩动人。在古典工艺家具的艺苑中，雕刻艺术就如同一朵奇葩，展现着迷人的风姿，散发着诱人的馨香。历史悠久的仙作雕刻，历经唐宋元明的锤练积淀，深受佛教和妈祖教的熏陶浸染，在不断地传承与发展中渐臻纯熟，形成了一套独具匠心的艺术风格和完整的装饰手法，尽显优雅、含蓄、俊逸的东方神韵。

一、历史悠久 品类繁多

仙游地处福建沿海中部，湄洲湾南北岸结合部，木兰溪中、上游，是一个崇尚雕刻而又十分擅长雕刻的特色县城。这个小县城面积不大，但工艺品种繁多，艺术流派纷呈，起源于唐代的建筑雕刻，成熟于宋代的家具雕刻，风靡于明清的木雕工艺，共同构成了仙作雕刻艺术的三大源头。

一是陈设欣赏木雕。这是仙游木雕工艺最为突出也是全国最独特的雕刻品———圆雕，其特色为木艺、屏风、挂屏、精致摆件、根艺。诞生于木兰溪畔，壶公山下的洋塘雕花派，是中国四大木雕流派"福建龙眼木雕"艺术嫡传，以"精微透雕"著称，擅长花鸟雕刻，涉及的题材内容广泛，有花卉、飞禽、走兽、虫草等。主要用材有：花梨木、紫檀木、黄杨木、樟木、龙眼木等。

二是家具装饰木雕。仙作家具最早

迎客松插屏

的雏形是以眠床为代表的婚制家具。旧时莆仙人，置办一套豪华典雅的结婚家具是关系到终生幸福的大事。即使家境再一般的人家，也会请当地最好的师傅上门为主人量身打造。那时工匠，为了做好一套家具通常要驻扎在主人家数月。做工精湛、用料考究，雕刻精细的桌、椅、台、凳、床、几、屏、案等仙作家具，闻名八闽大地，深受父老乡亲的赞赏。

三是建筑装饰木雕。莆仙一带自古文风昌盛，宗教气息浓郁，形成了寺庙林立、宗祠遍布的奇特景观。其建筑雕刻一个显著的特点是用木雕装饰古建筑，雕梁画栋，雕刻斗拱飞檐，装饰门楣、屋椽，雕饰窗格、栏杆、匾额、飞罩挂络等。

二、两大流派，交相辉映

洋塘雕花，又称"洋塘工"，发轫于闽中莆仙一带。是中国四大木雕流派"福建龙眼木雕"的重要组成部分，素以"精微透雕"著称。这个流派的最大特点是，擅长花鸟，融入国画艺术，糅合建筑雕刻精髓。早在清朝乾隆年间，被誉为"八闽雕刻始祖"的郭怀在大济镇洋塘村授徒传艺。这一时期，洋塘子弟最大的出路就是学习雕刻，各家各户都传承一些独门绝技，创作的作品涵盖题屏风、栏杆、古玩、乐器、家具等。

坝下雕刻派，诞生于坝下粗茶的，因此又称粗茶派。大约是清朝年间，仙游榜头就出现了一群民间雕刻艺人，他们以雕刻制作大众化的眠床等家居用品和寺庙里的佛像、佛龛、拱顶、雕梁画栋等为生活依靠，四海为家，生活极为清贫。与洋塘雕花相比，白瞎雕刻派擅长人物雕刻，刻画的人物五官传神，动作细腻，一须一发必现，衣袂纹理轻盈飘逸，人物造型清秀俊逸。细密处刀刀精致，宽敞处干净利落，无一处是废刀。

细节局部工艺图1

细节局部工艺图2

三、技艺精绝 形神兼具

仙作的雕刻神技，有着多种丰富的艺术语言，它的主要雕刻技法有平刀块面法和圆刀雕琢法，通过平雕、浮雕、透雕、镂空雕、立体圆雕等形式，在刀木冲突与转圜之间，阡陌纵横中刻画出经纬乾坤，缔造出引人入胜的艺术奇葩。千人有千种刀法，仙作每一家的雕刻语言都有其独到之处：或精雕细琢，或粗犷大气，或顿挫起伏，或百转千折，或中正平和，刀法本身幻化出的艺术语言，惟微惟妙。

以形写神，形神兼备是仙作雕刻艺术遵循的美学法则。形是工匠们以木为载体，用结构、线条、层次以及图案表现雕刻形态、形象、形状、形体；神系指运用精湛的技艺，以形写神，表现出一种生命的境界，一种形神兼备的意境，实现在静穆中求飞动。木原是静态，没有生命的，经过仙作大师们的神工雕琢后，让僵硬的东西变得通透鲜活，仙作大师们将山川河流，造化神秀，浓缩于于尺山寸水之间，让观赏者在品鉴家具时，感受到艺术深邃和宇宙天地的广阔。

四、收藏投资 两不耽误

仙游木雕工艺品历来全国有名，现已形成几千家木雕工艺厂的规模，精通创作、生产、设计每个环节。据宋代出版的《仙溪志》记载，早在唐代，佛教庙宇里的木雕佛像造型简练，刀法流利、形神兼备，己具有较高的艺术水准。特别是被誉为"中国古典家具之都"之后，人气和名声都愈来愈旺，根雕、佛珠、红木摆件、挂饰等工艺品更是红火，而且除了欣赏陈设木雕工艺品外，像官帽箱、梳妆镜台、挂屏等等也走俏市场，成交率也较高。一些小工艺品店一年的营业额都能达到几百万，成为了全国木雕工艺市场之一。从市场整体情势来看，工艺品市场一向保持着平稳的态势，其价格亦是"水涨船高"。

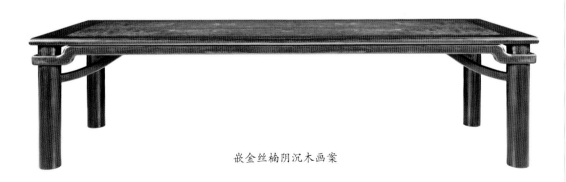

嵌金丝楠阴沉木画案

　　木雕工艺品在市场中持续升温，凸显强劲势头，收藏群体日益增大，市场强有力的回应带来许多积极信号。特别是像沉香、老山檀香、紫檀等材质的木雕更是占据高端位置，受到热捧。部分收藏家认为每一件较有收藏价值的仙作木雕工艺品都是由名贵红木精雕细琢而成，品相极美，且具有独一无二的特点。另外，加上市场流动性放慢，价格趋于合理，更是投资、收藏的最佳时机。可见，仙作木雕工艺品市场已走向成熟阶段。

　　方寸罗万壑，刀下刻乾坤。传承逾千载的仙作雕刻艺术，兼具着源远流长的传承艺脉和高超的雕刻技巧，因其有丰富的内在涵蕴，优雅的创意美感，强大的艺术张力和重要的经济价值在当下焕发出勃勃生机。大美无言，大巧若拙，仙作雕刻艺术作为一个方兴未艾的艺术品种，至今，延绵不绝于未来。

第二章　世有嘉木可涤心

辨材九法
——甄别古典家具优良材质的九大因素

明清古典家具的艺术成就，在于形与艺的完美结合，极具韵味，神形兼备。而形与艺的艺术结合，离不开坚硬细密，色泽优雅，纹理幽美的珍贵用材的衬托。近二十年来，随着明清古典家具收藏的持续升温，古典家具的用材受到了广泛的瞩目，但同时也出现了不少的错误认知。

为了规范市场的秩序，2000 年 5 月，国家质监局发布了 GB/T18107-2000《红木国家标准》（以下简称"国标"）。在《国标》里规定的众多材质中，黄花梨、紫檀、大红酸枝三种材质最受欢迎，而三种材质孰优孰劣，个中争议一直延绵不断。许多消费者习惯以价格的高低来论断材质的高低，实际上走入了误区中。目前市场价格最昂贵的木材无疑是海南黄花梨，一些极品的材料甚至被爆炒到近 2000 万元 / 吨。且不说海南黄花梨中相似木种冒牌的现象严重，就单从黄花梨的材质而论，劣质的黄花梨未必会好过大红酸枝，盲目的投资只能收获惨重的教训。

另一种观点是以片面的角度来评判木材的好坏。比如单纯以气干密度为参照，得出"紫檀优于海南黄花梨"结论，或以气味为标准，认定"海南黄花梨优于大红酸枝"等观点，我认为这些都是有失公允的论断。譬如岫玉的颜色胜于和田玉，并不代表它质地上一定优于和田玉。甄别古典家具材质，我们需要以更全面、客观的视角去分析，这对于我们在对红木家具藏品升值空间的判断上，具有重要的借鉴意义。

笔者二十余年来，一直与珍贵木材打交道，为了寻访名木和探究名木的奥妙，足迹踏遍东南亚、非洲、南美洲各地，耳闻眼见，见证许多国内罕见的濒危树种，通过各种木材的对比，形成了一些理解和积淀。时值红木行业乱象，市场上各类书籍、杂志介绍木材的不在少数，而悖谬，含糊，误导的文章充斥其间，给消费者的红木收藏造成了极大的困扰。那么，如何来评估红木品种材质的好与坏呢？笔者认为，以下九大因素大抵可以作为甄别的标准：

一、密度

密度，即是"气干密度"，指的是木材在一定的大气状态下达到平衡含水率时的重量与体积比。气干密度大，说明木材份量重，硬度大及强度高，所以它是一个强度指标。水的密度是 1，红木大部分密度都低于 1，即不能沉水的，个别木材比如紫檀是可以沉水的。以密度作为指标，我们看到海南黄花梨（降香黄檀）的密度 0.82 ~ 0.94g/cm3，越南黄花梨的密度则在 0.70 ~ 0.95g/cm3，黄花梨大部分密度都低于水，除了一些油性特别好的，基本上不能沉水。而紫檀（檀香紫檀）的密度则

海南黄花梨

达 1.05 ~ 1.26g/cm3，可沉水。市场常见的红酸枝种类密度也都超过 1，大红酸枝的上佳材料甚至达到 1.37 的密度，比起紫檀有过之无不及。在密度指数的对比下，红酸枝体现出与紫檀不分伯仲的优秀素质，而黄花梨在这一层面上则稍有不足。

二、油脂

油脂历来是判断一块木材好坏的重要指标,木材油脂含量越高,触摸时越有润滑感,平滑耐磨,不易开裂,同时也正是油脂在保护着家具的亮泽。在红木材料中,紫檀的油脂性最好,木料打磨的时候,我们常可以看到砂轮磨过的地方都略带油黑色,而红酸枝中的好料,在油性上与紫檀大抵平分秋色。海南黄花梨里,产于西部的木材油脂较重,而产于东部的木材由于砍伐年代久,油脂含量少,要略逊色于红酸枝。产于越南长山山脉的越南黄花梨,其油性又略逊海南黄花梨一筹。总体而言,在油脂上,紫檀与红酸枝大抵相当,而黄花梨则稍有不足。

三、颜色

中国历来有个词语叫"魏紫姚黄",可见紫色和黄色历来是中国人最推崇的颜色。诸色之中,以黄色为最佳,代表着皇室九五至尊的尊贵感。其次是紫色,我们常说的"紫气东来",是一种极致人臣的富贵感。再次是大红色,代表着民间的富足。从颜色上比较,黄花梨由浅黄到金黄的高贵色调君临于其他木材之上,其次是紫檀的沉穆紫气,带给人紫气东来的富贵享受。值得一提的是,相较于黄花梨和紫檀,红酸枝的颜色则独树一帜,除了其主流色之外,我们看到赤、橙、黄、绿、青、蓝、紫等诸色都出现在不同品种、地域的红酸枝木中,琳琅满目,让人不得不感叹造物主的神奇。

四、气味

木材气味的优劣,影响着家居的质量。作为家居使用的古典家具,对木材气味的遴选非常严格。海南黄花梨新切面药香味浓郁,久则变为微香。海南黄花梨的香味俗称为"降香",带有一点辛辣味。降香是中国传统的三大名香,历来受到江南文人的喜爱,因此也可以理解海黄花梨为什么在明代时如此受推崇了,越南黄花梨心剖面的香味则带着明显的酸香,逊于海南黄花梨。紫檀的香味则较清淡,略带着一种松香味及辛香味。而红酸枝在剖开时则带着酸香味。一些上等的花梨木的气味也显药香味,

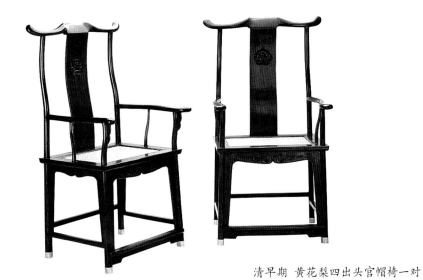

清早期 黄花梨四出头官帽椅一对

而其他的一些木材，如鸡翅木，乌木等气味就不是很明显了。综合以上的比较，不难看出海南黄花梨的气味优于其他木材，而紫檀的辛香味和红酸枝的酸香味，孰优孰劣，则是见仁见智了。

五、纹理

木材的纹理直观体现在古典家具的表面上，影响着古典家具的外在表现和内在韵味。海南黄花梨的纹理，王世襄先生赞其"或隐或现，生动多变"，其外在纹理非常丰富。黄花梨有着各种动物形状的"鬼脸"，同时还有着"山水纹"、"水波纹"、"凤眼"等形象各异的纹理，不能不说是大自然的神奇造化。越南黄花梨的纹理，与海南黄花梨相比，则更过之而无不及，"鬼脸"花纹更常见，形式也更丰富多彩。我曾打过一个比喻，如果把海南黄花梨比成是一个富有韵味的少妇，越南黄花梨则更像是一个花枝招展的小姑娘，这种美的理解当然也是见仁见智的。相比之下，紫檀的纹理则较稳重，结构细密，局部卷曲，也称为"牛毛纹"。一些黝黑如漆的材料上，则几乎看不到纹理。红酸枝的纹理则显得更丰富多样，不论是黄花梨的"鬼脸"，还是紫檀的"牛毛纹"，还是黑黄檀、乌木的条纹，在红酸枝中都可以找到类似的纹理，其富于变幻，灵动纤巧的各种纹理，表现力丝毫不逊于黄花梨。综合而言，从纹理上看，黄花梨的纹理最受消费者青睐，红酸枝纹理的丰富性，则胜过紫檀。

六、柔韧性

木材的柔韧性的好与不好，直接影响着家具质地的优劣。紫檀纤维异常细腻，最适合于不同类型的雕刻，横向竖向雕刻都畅通无阻，特别是适合柔韧的雕刻。相比紫檀，海南黄花梨则表现得稳重的多，因为稳定性好的因素，黄花梨几乎不变形，主要在于其内应力强，有所长有所短，黄花梨在柔韧性上的表现就比较一般，不适用于太繁琐的雕刻。很少消费者知道，大红酸枝从柔韧性上并不会逊于紫檀。一些专家曾断言红酸枝质脆，无法作精细的雕刻，实际上市场上有许多透雕精细的作品，绝不在紫檀之下。另有人称，见过红酸枝从南方运往北方，几个月后 180 度调转，拧成麻花一样，从另一侧面也体现出红酸枝的柔韧性好。在柔韧性上，紫檀略高一筹，其次是红酸枝。黄花梨的过于稳定，从某种角度也决定了它无法成为一块上佳的雕刻材料。

清 黄花梨四面平方凳

明 黄花梨螭龙纹隔扇透雕花板

七、稳定性

消费者在购买家具时，很关心的一个问题就是家具的稳定性。刚买来的时候很结实，但是两三年后，有些家具就开始变形，这就是家具木材稳定性不足的原因。一些家具像大叶紫檀，密度高，纹理也不错，但是就是不适合做成大件家具，究其原因就是应性大，易变形，开裂。由于成材时间久，海南黄花梨心材形成的时间非常久，因此稳定性也最好。我们看明式家具流传到现在，四百多年的光阴，没有一件出现变形的现象，不得不感叹黄花梨木质之优。紫檀在稳定性上与海南黄花梨不相上下，紫檀用做家具的时间比黄花梨短一些，清宫的紫檀家具历经三百多年，木性也极为稳定。而相比之下，红酸枝则因材料的不同，稳定性也不尽相同，而大红酸枝材料在稳定性上也绝不逊色于黄花梨与紫檀。

八、细腻度

所谓木材的细腻程度，通俗来说就是用手触摸的感受。一直以来，棕眼小而少的海南黄花梨，紫檀被人认为是木材中细腻程度最好的。但实际上这是一种误读，红酸枝在细腻程度上甚至要强于海南黄花梨。红酸枝密度大，但其纤维短，肌理细腻，木材在剖开后，即使未经抛光，它的边角处也少有木刺。工厂里接触红木十几年的老师父们在加工过程中，也极少被红酸枝木刺所伤。因此在细腻程度上，红酸枝与紫檀的表现上佳，红酸枝的细腻程度从某种意义上超过了海南黄花梨。

九、文化沉淀

在所有红木材料中，海南黄花梨是开发历史最悠久的红木之一，是明式家具走向巅峰的顶梁柱。明代后期，紫檀开始大量使用，成为清式家具的代表木材。大红酸枝的使用要推溯到清朝中后期，据资料考证，在乾隆四十三年，即乾隆晚期，才作为濒危的紫檀与黄花梨替代物登上历史舞台。黄花梨和紫檀的木性特征，也影响了明、清家具的迥异风格，到大红酸枝的出现，古典家具才真正走向民间，普及起来。从历史文化沉淀的角度上，黄花梨与紫檀并架齐驱，大红酸枝同样深具丰富的文化积淀和历史意义，但在文化影响上还是有所逊色。也正因海南黄花梨和紫檀的历史沉积，目前两种木材的存量都要比红酸枝少，红酸枝在当前这个时代，才登上明清古典家具的主流木材之列。

结束语：

综合九个因素的考量，我们不难得出结论，尺有所短寸有所长，黄花梨（包括海南黄花梨和越南黄花梨），紫檀和大红酸枝（特别是优质的交趾黄檀、微凹黄檀）在材质上的表现在伯仲之间。在这个时代里，黄花梨、紫檀、大红酸枝之间的互相融合，以及各种风格的兼容并蓄，才让我们看到丰富多彩的古典家具世界，传承四百多年的红木文化能够不断延续，并在我们这一代乃至下一代，迸发出更加蓬勃的生机。

黄花梨雕 螭龙纹 书柜

谦谦君子，温润如玉

——论明清三大贡木之黄花梨

黄花梨乃文学名称，从古至今未有一种树叫"黄花梨树"，据说上个世纪初著名学者梁思成在考察古代建筑时，发现明代所用的"花梨"与近代所用的"花梨"不是一个树种，于是就在明代所用的"花梨"前面加了个"黄"字，以此臻别，于是"黄花梨"自此流传开来。它的学名叫"降香黄檀"，而俗称则不胜枚举，比如花黎、花黎母、花狸、降香、降香檀、降真香、花榈、香枝木等等，犹如古代名士根据志趣或一时兴起为自己取的字、号一样，其性情从中得以管窥一斑。然而盛名远扬的黄花梨，由于其珍贵而稀缺，人们对它的了解极其有限，就像马未都先生所言，三十年前你和中国人说黄花梨，人们只知道大鸭梨、烟台梨、莱阳梨、京白梨，就是现在，难得一见

的老黄花梨依然像玉器一样，需要行家鉴定才能辨识真伪。

从来嘉木似佳人，顾名思义，黄花梨可谓色、香、韵俱佳。如同中国的四大美女，斯美各有千秋，黄花梨与紫檀、红酸枝并称为中国宫廷三大贡木，其名贵程度与厚重沉古的紫檀平分秋色。就其木性而言，黄花梨木色金黄而温润，栽植 7 ~ 8 年后形成心材，心材颜色较深呈红褐色或深褐色，有犀角的质感，其木质纹理清晰而有香味，如行云流水，婀娜多姿。木纹中尤以常见的木疖为奇，这些木疖平整而不开裂，呈现出狐狸头、老人头及老人头毛发等纹理，美丽可人，即为人们常说的"鬼脸儿"。这些气韵生动的图案给人以无限的遐想和曼妙诗意，其变化多端的别名由此而生。黄花梨尚

有油格、糠格的区分，亦有公、母之分，不可一概而论。油格的黄花梨值钱，糠格的相对价低。公心花梨材大，多呈深褐色，边材多呈黄褐色，质地更稳重。花梨母心材较小，纹理较花俏，但木性上不如公心花梨稳重。总体上，黄花梨木的木性极为稳定，不管寒暑都不变形、不开裂、不弯曲，富有韧性，适合作各种异形家具。

作为名木之一，其身世难免众说纷纭，更有唯利是图者，东施效颦混淆视听，再加上很多"远亲"与之攀关系，使得黄花梨的面目更加模糊。因此，要了解黄花梨，追根溯源大有必要。黄花梨沉稳蕴籍，暗香浮动，为森林植物，喜生于山谷阴湿之地，聚天地风水之精华，对自然条件要求苛刻，差之毫厘失之千里。唐代陈藏器《本草拾遗》中云"榈木出安南及南海，用作床几，似紫檀而色赤，性坚好"，李恂《海药本草》中云"生安南及南海山谷，胡人用为床坐，性坚好"。从这些记载来看，黄花梨产自海南、越南一带。历史上的黄花梨和当下实际意义上的黄花梨，专指的是生长在海南、越南的黄花梨，缅甸、老挝生长的算同属的"表亲"，而非洲和南美生长的"黄花梨"，就不可同日而语了。

目前市场上一般分为海南产和越南产两种。海南黄花梨是极品的材料，经过明清的开采之后，老料目前基本上绝

明式 黄花梨剑式腿大画案

迹。越南黄花梨目前市场上尚有新料。二者间的价值相去甚远。海黄属黄檀香枝木科，而越南黄花梨没有进《国标》，但却也是极为昂贵的木材，仅次于海黄，甚至比紫檀还昂贵。越南黄花梨不如海南黄花梨油润，鬃眼也多，表面较海黄要粗糙。木性坚韧与稳定上，越黄与海黄不分伯仲。从纹理上看，海黄像一个韵味绰约的少妇，纹理端庄、稳重，而越黄则像花枝招展的小姑娘，活泼、俏丽。有些木材专家称海黄与越黄是不同的植物，但实际上是同种的，只是地理位置不同，土壤，温度，植被不径相同，所以生长出来的木性不一样，犹如橘生淮南则为橘，生于淮北则为枳。在缅甸那边也产有花梨，实际上从枝叶等植物属性上看，皆是黄花梨。由于缅甸的黄花梨数量颇多，因此在价格上比海黄和越黄低了不少。

中庸之道在古代盛行，中国上好的明式家具，基本上都是用黄花梨制作的。由于黄花梨的木性特点海南黄花梨价格水涨船高，使之成为当时最佳的木料选择。实际上，花梨木制作器物在唐代就已初现端倪，但数量较少，从《本草拾遗》、《海药本草》的记载中便可佐证。黄花梨的盛行始于明代，明《格古要论》提到："花梨木出男番、广东，紫红色，与降真香相似，亦有香。其花有鬼面者可爱，花粗而色淡者低。广人多以作茶酒盏"，黄花梨在明代的盛行，与郑和下西洋有关。据史料记载，郑和下西洋返航时，每次回国用红木压船舱，木工匠把带回的木

清 黄花梨方角柜

质坚硬、纹理好的红木做成家具供皇宫帝后们享用，红木家具制作自此风行，其中有一部分用于压舱的红木，就是黄花梨。

黄花梨成为明代家具的主流，更重要的原因，在于它内外兼修的气质符合当时帝王和文人的审美，它所持守的中庸之道契合中国的传统文化。

明朝皇族崇尚先秦以来流传的"五德终始说"，认为明朝在阴阳五行中属土德，居中央，尚黄色。因而，质坚而色黄、纹理华美的海南黄花梨木材，适应了统治者的需要，自然得宠。明朝时期，宋明理学得到很好的发展，国民尚道统，审美情趣偏向于简约素雅，整体文化氛围清淡高远。家具风格也以此为走向，产生了轮廓简练、舒展，结构坚实牢固的明式家具。因此，颜色清淡，纹理素雅，木性坚贞，又极为珍贵的黄花梨自然成为首选。除此之外，作为近水楼台，黄花梨产在海南岛，明朝的政府官员去那里采伐，可以节省大量的开支，去印度是跨国的，得从云南、广西过，必须坐船绕过马六甲海峡，路途遥远，交通极

清 黄花梨螭龙纹玫瑰椅

明　黄花梨圈椅一对

不方便，所以明代家具以黄花梨家具为主。采光条件的改变也是家具用材改变的原因，明代建筑的窗户都是糊窗纸，没有玻璃，室内光线黯淡，如果摆紫檀家具，屋里晦暗，所以颜色深沉的紫檀家具没有形成时尚，人们都喜欢颜色浅的黄花梨。在中国所有制作家具的良材中，黄花梨是最稳定木材之一，它外在的纹理行云流水，光泽度适中，既不是很"火爆"，也不是"不亮"，在明朝中叶到清朝前期，在紫檀还没大量使用，红酸枝还没出现之前，可以说基本上找不到在木性上超过黄花梨的材料，它的

价格最高也是顺理成章的。

明代末期，苏州一带文风大盛，诗人画家辈出，世界闻名的"明式家具"艺术创作即在这一时期达到颠峰。"明式家具"特定涵义实际上是以由明代文人设计、具有深刻的文化内涵、流畅完美的线条、精致简练的雕刻、科学精准的榫卯为鲜明特征的，以黄花梨为最佳载体的经典红木文化艺术家具。中国人自古以来对艺术品的审美追求，较之西方人则更注重艺术品载体本身的质量。而载体质量的优劣往往又与稀有、名贵、美观、光润以及人的视觉、乃至味觉所

能全方位感受认知的价值有关。故凡经典明式家具在设计时都会充分考虑展示木材纹理的自然之美，决不随意雕饰而破坏其整体之美，在制作器物时多被匠师们加以利用和发挥，一般采用通体光素，不加雕饰，从而突出了木质本身纹理的自然美，给人以静美、谦和之感。家具造型的流线与黄花梨纹理的流线形成了风格上的和谐统一，这也暗合了明式家具设计理念中"天人合一"的思想。黄花梨花纹线条奔放流畅，与诗人、墨客豪放不羁的性情又十分吻合，鲜明特征的华美纹理又构成了每件黄花梨作品个性化特征，让人见物见人、见物见性情、见物见精神，因而长久赏玩，趣味无尽。明式家具收藏大家王世襄在《明式家具的品与病》一文中，图文并茂展示了部分黄花梨家具藏品，例如，他收藏的一张黄花梨一腿三牙罗锅枨方桌，简约、大气，别具一格，桌子的棱线峭拔精神，显得骨相清奇，劲挺不凡，将实用与审美融为一体。

如今，明式黄花梨家具已是千金难求，只能在博物馆和一些古董家具收藏市场中看到其身影。随着人们对古典家具的尊崇，黄花梨、紫檀等名贵红木，在 2006 年前后价格飞涨，基本退出实用家具领域，进入投资收藏领域。纽约佳士得 2012 年春季拍卖会上，46 件黄花梨家具成交率达 82%，总成交额达到 4862 万元，其中一件 2 米长的"明末清初黄花梨画案"以 758 万元的高价成交。海南黄花梨在市场上都是以斤或公斤为单位交易的，一些优质大料上万元一公斤也难以买到，早已是"斤斤计较"了。非专业收藏者，要谨慎投资黄花梨，一来黄花梨的真伪难辨，二来首批人工种植的黄花梨也即将成材，投入使用，未来新料黄花梨的价格尚未明朗。

黄花梨龙纹折叠炕桌

紫气东来，王者气度

——论明清三大贡木之紫檀

自古以来，说到良木珍材，先人都喜以"檀"字概之。早在西周初期编订的《诗经》中，就有大量文字的记载，如《小雅》中有"爰有树檀"，《伐檀》中有"坎坎伐檀兮，寘之河之干兮"等。今人多对"檀"字有误解，以为此即是紫檀，实为大谬。要知道，紫檀原产于印度及东南亚诸国，以周朝的交通配套，根本不可能进口到国内。"檀"在古代是"强韧之木"、"善木"的统称，它涵盖的木材范围显然要比现在大的多。中国人历来以紫色为祥瑞之色，代表着帝王的高贵和神秘。以帝王之"紫"加以善木之"檀"，紫檀也便顺理成章地成为历代皇室尊享的顶级木材了。

紫檀之所以能成为尊贵的木材，首先是由它的物理属性决定的。首先，紫檀的材质致密坚硬，在所有红木中最为坚实，这就保证了它制成器物后不会遭虫蛀。其次，紫檀颜色呈深棕色至紫黑色，静穆庄重，契合了中国人以紫为尊的审美心理。再次，紫檀的木质细腻光润油性大，打磨好的紫檀木类似犀角和玉质，温润可人。此外，紫檀芳香陈郁，深沉古雅，最重要的是，紫檀的鬃眼极小，纹理细密，极富韧性，适宜于雕琢。由其制作而成的古典家具，在造型、结构、工艺、装饰等方面都能尽善尽美，所以极具艺术价值和收藏价值。

紫檀之所以名贵的另一个重要因素，在于其深厚的文化沉淀。紫檀有可能是最早在文献中记载的红木品种。晋代崔豹《古今注》记载："紫楠木，出扶南，色紫，亦谓之紫檀。"早在班超、张骞出使西域期间，紫檀即已从通向中亚及西亚的陆上丝绸之路运往中国，大抵与佛教传入中土的途径相吻合。魏晋南北朝起，中国周边番国以檀香、沉香、象牙、花梨、紫檀等特产朝贡中国，而朝廷则回赠价值远远高于贡品的中国特产，这也成为紫檀进口最主要的贸易方式及运输途径。

紫檀最早被用于染织业，是一种上好的染料。北宋李诫曾在《营造法式》里记载："……次以紫檀间刷，其紫檀用深墨合土朱，令紫色"，而它真正用于打造器

物，却是始于唐代。《全唐诗》中，有着大量关于紫檀的记载，如孟浩然《凉州词》诗云："混成紫檀金屑文，作得琵琶声入云。胡地迢迢三万里，哪堪马上送明君。异方之乐令人悲，羌笛胡茄不用吹。坐看今夜关山月，思杀边城游侠儿。"诗中通过一张紫檀琵琶，写出诗人绵绵缠绕的思念。张籍在《宫词》中，也描写一个女子执紫檀琵琶弹拨的场面："黄金捍拨紫檀槽，弦索初张调更高。尽理昨来新上曲，内官帘外

清中期 紫檀嵌掐丝珐琅福寿平头案 一对

送樱桃。"无独有偶，另一位诗人和凝也写过一首《宫词》："金鸾双立紫檀槽，暖殿无风韵自高。含笑试弹红蕊调，君王宣赐酪樱桃。"此外，还有李宣古《杜司空席上赋》："红灯初上月轮高，照见堂前万朵桃。鼊箷调清银象管，琵琶声亮紫檀槽"，王仁裕《荆南席上咏胡琴妓》："红妆齐抱紫檀槽，一抹朱弦四十条"等大量关于紫檀的描述。

从这些诗句中我们可以看到，紫檀早在唐代就被民间广泛使用，而且主要用于制作乐器。在唐代盛行的乐器——琵琶中，琵琶槽是工艺制作中非常考究的环节，它决定了一张琵琶的音质，因此琵琶槽通常采用较为优质的木材做成。紫檀质地坚实，纹理细腻，色泽尊贵，是制作琵琶的上好材料。今天，在日本正仓院所藏的唐代文物中，就有一件螺钿紫檀五弦琵琶琴。这件紫檀五弦琵琶琴，为上述诗文中的记载提供了详实的物证。盛唐时期形成了中国音乐史上的第一次高峰，其中紫檀功不可没，在推动时代音乐发展的过程中起到着不可磨灭的重要作用。

随着紫檀乐器的普及，人们对紫檀有了更进一步的认识。紫檀肃穆的色泽，天然的纹理与良好的木性颇受市场及宫廷的喜爱，地位也随之攀升。元朝王士点所撰的《禁扁》一书曾专门记载了元大都各个宫殿的殿名，其内就有"紫檀（西）"殿之名。陶宗仪的《南村辍耕录》对紫檀殿进行了更为详细的记载："……紫檀殿在大明寝殿西，制度如文思，皆以紫檀香木为之，缕花龙涎香，间白玉饰壁，草色髹绿，其皮为地衣。"从陶氏所记可知紫檀殿的装修极为讲究，可谓不计成本，极尽奢华，可以想见当年这座宫殿金碧辉煌、流光溢彩的盛景。

明朝中叶，中国的手工业发展达到了历任前朝都未曾达到的先进水平。朝廷解除了元朝时期对手工业者的人身限制，手工业都摆脱了官府的控制，发展成为独立自主的民间手工业。这一变化大大提高了手工业者的生产和创造的积极性，也为中国古典家具风格的奠定提供了先决的条件。

隆庆元年（1567年），明穆宗宣布解除海禁，调整海外贸易政策，允许民间私人远贩东西二洋，这一时期紫檀从海外大

清 紫檀雕饕餮纹条桌

量进口到中国。紫檀的沉穆雍容之美，与当时文人士大夫的审美情趣十分契合，因此倍受时代推崇。随着明式家具的兴趣，这一时期紫檀被大量用作古典家具的名贵材料，引领时尚之先潮。据杨士聪所著的《玉堂荟记》，崇祯帝的袁贵妃曾花高价令人制作一件紫檀纱橱，竟耗费白银七百两，可见紫檀家具的制作成本在当时是相当高的。

崇祯之前，以紫檀打造的家具在社会的富有阶层里广为流行，不管是皇亲国戚、达官显贵，还是民间的富户人家，都纷纷以紫檀家具装点门面，争奢斗富，浮华之风一时盛行。因此，即便是紫檀在这一时期大量进口，资源仍严重稀缺。于是明思宗在崇祯十六年癸未十月特下谕旨，禁止民间使用紫檀器用："……器具不许用螺紫檀花梨等物，及铸造金银杯盘。在外抚按提学官大张榜示，严加禁约，违者参处。娼优皂隶，加等究治。"自崇祯帝皇开始，紫檀逐渐变成朝廷特供，成为皇室权威的一种象征。

清代是紫檀家具发展的鼎盛时期。随着社会经济的高速发展，使得清朝皇室贵胄阶层贪欲膨胀，对于来自海外的奇货异物需求日益增多，其中，珍贵的极品硬木——紫檀更不例外。满清统治者对紫色有着极端的偏爱，"紫袍紫衫，必欲为红赤紫色，谓之顺圣紫。"这种独特的审美情趣，决定了清朝宫廷木作建筑及家具的选定材料也必是紫气呈祥的硬木。此外，满清统治者在家具风格的偏好上，一改明朝简洁雅致的特点，非常追求雕刻、镶嵌和描绘，竭力显示皇家的威严。这种工艺风格最终选定的材料也必是以纹理沉穆、质地坚好的木材。综合二者，雕工的细腻为其它材质所不可企及的紫檀，也便成为清式宫廷家具的首选之材。

据乾隆时期《养心殿造办处行取清册》《造办处收贮物料清册》等档案里，详细记载了乾隆年间每年从外面收购紫檀木及宫内所用紫檀木损耗及剩余紫檀木原料的数量。如乾隆二十五年六月初一日，"造办处钱粮库谨奏为本库存贮紫檀木五千二百余斤恐不敷备用，请行文粤海关令其采买紫檀木六万斤等摺。郎中白世秀，员外郎全辉交太监胡世杰转奏奉旨知道了，钦此。"由此可见，仅是乾隆皇帝在位时，宫廷紫檀木的购进及使用数量就已相当巨大。

乾隆时期百业兴旺，家具制作用料极尽奢靡。而紫檀生长缓慢，非数百年不能成材，在清朝的疯狂进口之下，采伐殆尽，渐于枯竭。为了收集更多的紫檀，清朝皇室在海外进口贸易的同时，还不时从民间的私商手中高价收购，在清宫造办处活计档中，皇宫向民间收购紫檀木的记载屡见不鲜。同时，对紫檀使用的审核不断加强。每一件紫檀器物在制作前，须经得皇帝亲自审阅，批示详尽情况。先打样后而反复修改，核准后再用紫檀制成，紫檀的使用均造册予以登记及保管，以备后察。即便如此，到了清朝中后期，各地囤积的紫檀也几乎全部被用尽。这些木料中，为装饰圆明园和宫内太上皇宫殿，用去一大批；同治、光绪大婚和慈禧六十大寿过后已所

紫檀博古纹多宝格

剩无几；至袁世凯时期，遂将仅存的紫檀悉数耗尽。

乱世黄金，盛世收藏，改革开放以来，随着中国国力的强盛，近年来收藏成为人们关注的一个热门话题。上个世纪八十年代以来，明清家具收藏热兴趣，紫檀家具成为古典家具收藏者的首选。近年来，紫檀家具在美国、香港等拍卖市场上屡创纪录，激起一轮紫檀的收藏热。除了从古董商及拍卖市场上获取紫檀家具外，广东中山、福建仙游等地的红木家具产业基地如雨后春笋般兴起，紫檀家具在得以迅速的发展。

因为数量稀少的缘故，加上原产国都在按照国际公约严控采伐和进出口，如今紫檀的价格已飙升到百万元以上，短短几年时间里涨幅近十倍。进出口严控，加上价格飙涨，在暴利的趋使下，一些投机商人不惜用其它木材来冒充，并以天价出售给不专业的投资者。较为常见的冒充品有赞比亚血檀、大叶紫檀等，广大紫檀爱好者需提高警惕。此外，由于红木产业从业者的文化程度普遍不高，缺乏传统文化底蕴，在家具的造型、比例、结构与工艺上往往无法拿捏好尺寸。而紫檀家具只有具备型、艺、材、韵四大要素，才具备收藏价值。在这时，我们也呼吁行业经营者，多挖掘紫檀家具的工艺与文化价值，生产讲究用料、又讲求雕工精湛和器形神韵的紫檀家具，为红木文化产业的健康可持续发展贡献力量。

紫檀及黄杨嵌五彩花卉图瓷板罗汉床

清 酸枝狮首太师椅 一套

锦堂朱户，富贵雍容

——论明清三大贡木之红酸枝

　　论及明、清家具的材质档次，收藏界通常有"一黄"、"二紫"、"三红"的称法。"黄"即黄花梨，"紫"即紫檀，"红"则是指红酸枝。以家具材质而言，如果说明朝是黄花梨的时代，清朝前中期是紫檀的时代，那么清朝晚期到民国，直至当今，则无庸置疑是红酸枝的时代。红酸枝与黄花梨、紫檀并称，不唯标示"一时代有一时代之木"之义，更说明了一点，红酸枝是庶几可与黄花梨、紫檀媲美的一大良材。赵汝珍先生在《古玩指南》一书中提到，"唯世俗所谓红木者，乃系木之一种专名词，非指红色木言也""木质之佳，除紫檀外，当以红木为最"，这里的红木，即是北方人对红酸枝的称谓，由此可见民国时期以来，民间对红酸枝木的推崇程度。

红酸枝出现的历史相比于黄花梨、紫檀要晚。明永乐年间，郑和下西洋返航时，红酸枝与紫檀一起作为优质的材料压船舱而流入到中国。历经岁月的沧桑与巨变，如今的红酸枝，已成为国内最贵重的古典家具用料之一，数百年前的郑和估计不曾料到，他们的航海出行，竟不意间创造了后世红木家具发展的惊世传奇。

红酸枝真正作为珍贵木材而被记载，则要追溯到清朝中叶以后。据故宫博物院专家周京南先生考证，在乾隆以前，几乎看不到酸枝木的记载，内务府档案中显示，红酸枝家具在清宫中出现肇自乾隆中期，作为黄花梨、紫檀等名贵木材匮乏之后的替代品。到了清代后期，红酸枝家具数量开始猛增，当时盛行的"广作"家具中大量使用红酸枝为材料，故宫博物馆里，我们可以看到红酸枝家具占到了一个相当的比例，成为与黄花梨、紫檀相媲美的宫廷三大贡木。而在民间，红酸枝家具则更是深入人心，成为商家富户内不可或缺的家居陈设。

在明末清初的记载中，红酸枝最初被冠以"紫榆"之名，其后有"海梅木"、"孙枝"等不同的称谓，至其流行以来，江浙及北方一带的人称之为"老红木"，南方人则通俗地叫它"酸枝"，因为红酸枝木材在锯解时，新切面有一种特有的酸香气，这在众多硬木木材中独树一帜。后来市场上将外来进口的名贵硬木材料亦通称为"红木"，为了将二者的概念区别开来，在本世纪初制定的《国家红木标准》中，才正式给予其统一、规范的命名——红酸枝。

红酸枝在《国家红木标准》的定义中颇为繁复，不似黄花梨对应"降香黄檀"，紫檀对应"檀香紫檀"那样单一明了，在国标的红酸枝类中，共有七大种树种。

明《玩古图轴》（台北故宫博物院藏）

红酸枝为豆科黄檀属木材，主要分布于东南亚、中南美洲的热带地区。木质与颜色大部分与紫檀相似，年轮纹都是直丝状，鬃眼要比紫檀略大，颜色近似枣红色。其木质坚硬、细腻，可沉于水，一般而言，红酸枝至少要生长五百年以上才能成材并使用。它区别于其他木材的最明显之处在于其木纹在深红色中常常夹有深褐色或者黑色条纹，给人一种古色古香的审美感受。

红木家具市场的红酸枝材料，根据产地的不同，主要分为两种，一种是东南亚红酸枝，以交趾黄檀为主，通常被大众俗称为"老挝红酸枝"，缅甸、柬埔寨等地亦有产。另一种则是中南美洲酸枝，以微凹黄檀为主，赛州黄檀、中美洲黄檀等为辅，近年来在市场上也有着突出的表现。而奥氏黄檀、巴里黄檀等木材，在红木业界和收藏界则俗称为"白酸枝"和"花枝"，从颜色、纹理、稳定性上都与传统的红酸枝有较大的差距，价格与投资前景上当然亦不可同日而语。

目前在市面上，红酸枝已成为最具投资价值的红木家具材料，其兴盛之势已呈现出赶超黄花梨、紫檀的迹象。一些不良商家出于商业目的，鼓吹其炒作的硬木材料，而贬低红酸枝的木性，给消费者的收藏投资制造了极大的困扰。这二十年来，笔者作为木材专业研究者，为了分析各类名贵硬木材料，足迹踏遍东南亚、非洲、南美洲各地，耳闻眼见，见证许多国内罕见的濒危树种，其中接触最多的木材，当属红酸枝，对红酸枝的木性形成了系统的理解和看法。人们通常用"十檀九空"来描述紫檀的珍贵，殊不知其实上好的红酸枝材料也不例外，造物主之吝，足以论证红酸枝之优。

关于红酸枝的木材属性，拙作《"辨材九法"——甄别古典家具优良材质的九大因素》有所提及，笔者认为，如果从密度、颜色、油脂、气味、纹理、稳定性等各方面的指数，综合评估黄花梨、紫檀和红酸枝的木性，我们会发现红酸枝的综合得分，相比于其他二者，实际上有过之而无不及。产于老挝的优质红酸枝，其气干密度大，材质厚重而能沉于水，木质结构及柔韧性上佳，作为大件家具的材料时稳定性上甚至优于黄花梨及紫檀。而从颜色上看，主流的红酸枝心材拥有近似紫檀般富贵典雅的紫红色或暗红褐色。此外，不同地区和种类的红酸枝，赤、橙、黄、绿、青、蓝、紫等七彩斑斓的色彩皆有体现，令人犹见可怜。红酸枝的纹理同样鬼斧神工，不论是黄花梨的"鬼脸"，还是紫檀的"牛毛纹"，还是黑黄檀、乌木的条纹，在红酸枝木中竟都得以体现，造化之神奇令人叫绝。在众多层面的比较和分析下，我们可以做个大胆的想象，百年之后，红酸枝在古典家具诸材料中，地位将会与黄花梨和紫檀平起平坐，而在价格上，与前二者也将无限接近，甚至有可能超越它们。

　　许多朋友问我，为什么同样是红酸枝，同一种类和产地，但是做出的家具，颜色深浅却有明显的不同？红酸枝材料本身颜色较深，一般来说不会上漆，以避免掩盖了其木质的优良本性和纹理的自然之美。红酸枝颜色变深，一般有两种原因，一种是历经岁月，与人的肌肤接触互养，而形成的"包浆"的效果，让人感觉到古朴厚重。另外一种原因是红酸枝在其生长过程中，其土壤中矿物质的含量高，树木在成长过程中充分吸收了矿物质元素，其心材的颜色也会比一般的木材要深。老挝、缅甸的伐木工人有时候会习惯将砍伐完的木材放置一边，以过长时间野外潮化，与雨水、土壤中的铁元素的交融，心材部分颜色也会趋于加深，使其质感更为鲜明。值得

清 红木绳纹太师椅 一对

一提的是，目前市场上有许多家具的材料标注是"黑酸枝"，实际上就是以上提到的矿物质元素含量高的红酸枝木，其与"国标"中指定的黑酸枝类材料是截然不同的两种概念，热爱收藏红酸枝家具的朋友们不可不察。

在红木家具前二十年的收藏浪潮中，红酸枝家具就已经和黄花梨、紫檀家具一样受到市场的广泛青睐。近几年，随着近几年来一些商家别有用心的炒作，以"积淀悠久更适收藏"的观点，引导消费者追逐黄花梨、紫檀家具，殊不知，黄花梨和紫檀的古老，体现在人类使用它的历史悠久上，而红酸枝的古老，则体现于它自身在岁月中沉淀的年份悠久。"百年黄花梨，千年红酸枝"，黄花梨和紫檀的寿命大概在五六百年左右，而红酸枝却可以超过一千五百年。黄花梨差不多三十年就可以成材，要长成和黄花梨同等口径的心材，红酸枝则至少需要两百年的时间。只有生命沉淀得久远，才能让红酸枝与大自然和谐兼容，共处千年，也使得红酸枝拥有比黄花梨和紫檀这些名贵木更长的寿命，并且在木性上更胜一筹。

典雅的酸香、高贵的枣红、细腻的材质，让红酸枝一跃成为当代红木投资的新贵。在经历了07、08两年过山车似的暴涨暴跌后，消费者对红木投资的态度趋于理性，从2010年下半年开始，红木材料的价格上开始慢慢稳定。相比于黄花梨、紫檀原材料近两年的平稳升值，我们发现，之前并不被大众看好的红酸枝的价格竟一路飙升，大有超越黄花梨、紫檀的势头。在2000年前后，红酸枝原材料价格大概约为1.5万元一吨，到了2011年，红酸枝同等品质的材料价格已达15万至20万元之间，而2013年5月份以来，红酸枝（特别是交趾黄檀和微凹黄檀）的价格持续上涨，上好的家具料竟达到了近50万元一吨。可以预见的是，这种升温的态势，还会持续不断地沿续下去。红酸枝被众多业界人士看好，已然成为当前极具升值潜力的投资热点。

在国内经济并未完全复苏之际，红

酸枝的持续升温的状况发人深思。"物以稀为贵",究其原因,除了红酸枝木性的优良外,从市场经济的角度上看,不可避免地要提到红酸枝未来的稀缺趋势。

目前有一种主流的观点,认为目前黄花梨、紫檀比红酸枝稀缺,其实这是一种误解。随着近年来红酸枝市场需求的庞大,红酸枝原材料也逐年稀缺起来。在市场上,可以说紫檀比红酸枝稀缺,但是在原材料产地上,交趾黄檀、微凹黄檀等优质红酸枝的数量却不如紫檀多。我们知道,紫檀唯一的产地是印度,印度的整体经济、国力比东南亚和南美洲诸国要强盛,相应的,印度对紫檀的保护意识也比红酸枝产地国要强烈,紫檀的耗量和成长得到了可持续的平衡。打个比方,目前紫檀在国内市场总量只有200吨,但在印度本国尚有1000吨的总量,而红酸枝在国内市场总量有1000吨,在原材料本国却只有200吨的量,从未来走势上看,红酸枝会比紫檀更早地濒临灭绝。

其次,随着红酸枝数量的不断减少,树种的濒临灭绝,原材料产国的保护意识已不断加大。从2013年6月12日起,红酸枝已被列入国际二级重点保护野生植物(CITES 国际贸易公约附录),属于限制进出口的濒危树种。在进口限制的重压之下,在"物以稀为贵"的经济规律下,近两个月来红酸枝原材料的价格一路飙升,未来的升值空间不可限量。

目前国内的红木家具市场,位于上升期的红酸枝一直作为强健主力。而七种类型的红酸枝中,目前交趾黄檀和微

红酸枝梳背双人椅

凹黄檀的整体行情涨势最明显。其中，产于南美洲的微凹黄檀，按产地分类，又分墨西哥产的和巴拿马产两种。巴拿马亚马逊流域的微凹黄檀从木材的综合表现上看，甚至不逊色于交趾黄檀。广大收藏者在投资红酸枝家具时，不仅要看是否为真材实料，还要辨清各种材料的价值，切忌选择那些木性劣质，一味图便宜的产品。

老挝沙湾拿吉交趾黄檀全树貌

柬埔寨交趾黄檀树干

微凹传奇（上）

——一代名匠廖熙与巴拿马发现之旅

清末民初是中国木雕艺术发展的的鼎盛时期。这一时期出现的木雕作品，在黄杨木、龙眼木等传统用料基础上，首次融汇了大红酸枝、小叶紫檀等昂贵雕刻材料，开启近代红木雕刻的先河。风格上，又以其古朴文雅的色泽、精致而润的艺术感受，且适宜把玩和陈设等特色，深受后世收藏家的推崇。其时雕风兴盛，名家辈出，而论及成就，业界素有"廖、朱、柯、陈"四大家的说法。"四大家"，分别指莆田的廖熙、温州的朱子常和福州的柯世仁、陈子锡，他们分别是黄杨木雕、龙眼木雕及仙作木雕风格的奠基人，被认为是清末民初木雕成就的典型代表。从艺术风格上看，朱子常天然流畅，刚劲稠叠；柯世仁俊迈豪宕，气势雄健；陈子锡雕镂细腻，华丽典雅；而廖熙尤以凝练纯正、劲健隽永、仪真神传等特点，被誉为"晚清木雕艺术的集大成者"。

莆仙的民间艺术源远流长，人文荟萃，素有"海滨邹鲁、文献名邦"之称，文化积淀深厚的沃土，诞生了一批优秀的雕刻名家，其中成就最高的，当属廖熙。廖熙，兴化城内坊巷（今城厢区凤山街坊巷）人，清同治二年（公元 1863 年）生。史载廖熙生于雕刻世家，其五世祖廖明山就以"善用寸木雕镂人物、花草、虫鱼等"闻名于世。廖熙师承家教，自幼聪敏，妙得薪传，刀法挺拔，更为难得的是，他艺风严谨，对自己的作品精益求精，略有瑕疵，就不肯让其面世。他不仅善于雕刻，而且工于绘画，对中国画的山水、人物、花鸟、虫鱼等题材无不得心应手，且善把传统画技巧妙溶于雕艺之中，逐渐形成自己的风格，使他在强手如云的木雕匠人中技压群芳，脱颖而出。

廖熙善于因物赋形，所刻的关羽、达摩、观音等作品形神毕肖，情态各异，皆属臻品。其又擅于书法，用笔雅秀中见健劲，常刻于平雕小品和红木书盒上，典雅古朴，韵味隽永，具有很高的鉴赏价值。由于廖熙雕艺精湛，名扬四海，他的作品不仅为当时文人雅士、达官贵人所收藏和把玩，更是连年（清光绪年间，公元 1875 年～ 1908 年）被当地官员选为贡品供奉于朝廷。即使是挑剔的光绪皇帝，看到廖熙的作品后也大加赞赏，欣然挥笔御题"巧夺天工"的匾额作为褒奖。在封建时代，手工艺品被视为"雕虫小技"，手艺工匠社会地位普遍低下，而廖熙却能够获得皇帝御笔题匾，此殊荣可谓空前绝后，由此可见其高超的艺术造诣。

晚清木雕艺术集大成者——廖熙雕像

除了御赐匾额，廖熙毕生还有一大成就，即是其作品登上国际舞台，在举世瞩目的巴拿马万国博览会（1915 年，美国旧金山市）上摘获金奖。民国成立以来，中国第一次在国际性博览会上亮相，而廖熙创作的《代代相传皇宫椅》，则是中国第一次向全世界展示传统木雕经久永恒的魅力。从上海到旧金山，再从旧金山到巴拿马城，历时整整六个月的太平洋环游，舟车的劳顿与沿途不断滋生的兴奋相比，是那么的微不足道。人过中年的廖熙第一次"睁眼看世界"，感受到西方列强的先进技术，而巴拿马

之旅，更让廖熙毕生的夙愿以偿，找到毕生都在寻觅的雕刻良材。这段经历，让廖熙的艺术风格在晚期实现了再度升华，书写出一段隔世流传的木雕传奇。

1915 年，欧陆第一次世界大战战火纷飞，而远在大洋彼岸的美国旧金山却在举办一场盛况空前的万国博览会。博览会的举办，是为了纪念巴拿马运河开凿成功，以促进社会进步与贸易增进。由于此届博览会是中华民国建国后的第一个博览会，为了"联络邦谊，历练外交"，获得国际社会的认可，同时也为促进国内实业的发展，中国政府对此十分重视，

1915巴拿马万国博览会金奖奖牌

表示"自宜全力以赴，断不宜再事稽延"，特地成立了筹备巴拿马赛会事务局，将中国展品分为 9 个陈列馆展出，另外还仿照中国传统宫廷建筑风格搭建了中华政府馆，分为正馆、东西偏馆、亭、塔、牌楼六部分，雕梁画栋，飞檐拱壁，甚为瞩目。

截止 1914 年 10 月底，来自全国 18 个省 10 余万种，重达 1500 余吨的赴赛物品已经堆满了上海港的码头。福建参与的赴赛品种，以茶叶、漆器与木雕为主，展品主要集中在占地 11168 方尺的工艺馆里，这是中国参赛的九大馆中最广大、最丰盛的展馆，因此也最受中国政府重视，特令农商部司长陈承修负责工艺馆事宜。陈承修是福建闽县人，在本次赛事中同时也负责福建赛品的征集，其"精鉴赏，富收藏"，与廖熙交往甚契，家中亦藏有廖熙多件木雕作品，自然将廖熙之作作为福建参赛的重点展品上报。此后，陈承修亲临廖家，盛邀廖熙作为代表一同前往美国，廖熙欣然允诺。12月6日，历经近两年的精心筹备，中国赴巴拿马赛会代表团终于启程，廖熙作为福建代表，与陈承修从上海奔赴大洋彼岸。

1915 年 2 月 20 日，规模空前的巴拿马万国博览会在美国旧金山隆重开幕，美国总统伍德罗·威尔逊到会致贺词。美国副总统托马斯·马歇尔及前总统西奥多·罗斯福等国家政要亲临会场助兴。历时 10 个月的博览会上，共有 31 个国家、20 万家生产厂和送样单位参展，开幕的第一天，参观人次就达 20 万。而在万众瞩目的工艺馆中，廖熙的作品《龙眼木雕关公坐像》前人声鼎沸，"观者驻足，美评时闻，感啧啧称赞"，在国际舞台上充分地展现出中国传统工艺的极致魅力。

清中期 福建龙眼木雕 渔翁

巴拿马万国博览会评奖结果，中国出品共获金牌、银牌、铜牌、名誉奖章、奖状等 1211 余枚，在 31 个参展国中独占鳌头。廖熙的作品《龙眼木雕关公坐像》高约 30 公分，关公头戴官冕，身披锦绣官袍，端坐于一榻上，气宇轩昂，不怒而威。其脸部特定甚为精微，凤眼蚕眉，双眉微蹙，五绺长须飘然胸前。刀锋利落不拖泥带水，隽永中见刚健，深深触动了现场的观众与评委，不负重望地摘取了本届博览会的金牌。

被廖熙的作品所触动的，同样还有当时的巴拿马总统贝利萨里奥·波拉斯。波拉斯总统对中国一直带着深厚的情感。巴拿马的发展史上，华人占据着重要的一席，依据史料记载，巴拿马的第一批华人于 1854 年 3 月 30 日到达，他们是为了修建铁路由加拿大而来的劳工，而在十九世纪八十年代，"（巴拿马）仰望龙旗招展，则华人酒楼也，车经开河之地，畚锤未缀，华人沿街列肆，卖食物，不一而足。"当地华人就已经在巴拿巴占据重要地位，他们拥有超过 600 家的零售店，基本上垄断了当地零售业，华人在巴拿马建设的大浪潮中发挥了积极的作用。波拉斯总统早年记者出身，与巴拿马下层阶级的华人保持着长期的接触，而在与华人的接触过程中，波拉斯总统对中国的文化产生了崇敬之情。在与廖熙的交流中，两人结下了深厚的友谊。好客的波拉斯总统突然提出邀请廖熙到巴拿马参观，面对波拉斯总统的盛情邀请，廖熙毫不犹豫地答应了。

1915 年 4 月 25 日，中华政府馆开幕后的第三天，一艘豪华邮轮从旧金山缓缓驶向巴拿马城。邮轮上的廖熙正欣赏着加勒比海域的别样风情，他没有预料到，此趟旅行对他的晚期创作将产生重大的影响。邮轮次日即抵达巴拿马，廖熙的到来，受到了当地华人的热情的欢迎与接待。巴拿马零售业钜子，时任巴拿马华人商会会长的梁敬章，是廖熙的福建老乡，这个与廖熙同龄的商业钜子，亲自陪同廖熙参观巴拿马城的每一个景点，巴拿马的美丽风景与民众的好客给廖熙留下了难以磨灭的印象。

三天的游览很快就过去了，廖熙婉言谢绝了波拉斯总统劝其定居的好意，提出了辞行回国的请求。临别时，波拉斯总统将一堆木材相赠给廖熙，并告诉他，这是一种名叫"可可波罗"（拉丁文：cocobolo）的木材，在当地直译名为"帝王木"，是当地最为尊贵的木种，其木性极佳，自古就是巴拿马部落、皇族专属的木材。历史上，"可可波罗"专供于皇家宫殿、少数祭坛、寺庙的建筑和家具，如若有人擅自使用，即会因逾越礼制而获重罪。以最尊贵的木材赠送给中国最优秀的木雕大师，希望能以良木创造更卓越的作品。波拉斯总统的友情让廖熙感动，这棵木材承载着非常特殊的意义，它是中、巴两国友谊的象征，令廖熙倍感珍视，以至于在回国后很长一段时间里，廖熙始终不忍轻易开凿这些木材。

从事木雕四十年来，廖熙对龙眼、黄杨、榉、樟，乃至后来的紫檀、大红酸枝等诸木皆甚为熟悉，惟独没有听说过"可可波罗"。"可可波罗"给廖熙的直观感受是木材颇重，并未有其他特别之处。一日，廖熙外出回家，正推开门，发现其幼子误将一棵"可可波罗"当作大红酸枝来剖锯，大为惊怒，趋步上前阻止，但还是慢了一拍，木头已被剧开，这时一股强烈的酸香气直扑其鼻。随即，"可可波罗"深红的心材颜色与自然柔美多变的纹理映入廖熙的眼帘中。在廖熙的日记中，我们看到了他对"可可波罗"初体验的描述：

"……色红紫，亦有酸香，坚且韧也，有花狸纹。"

民国初年，大红酸枝已在民间广泛流通，被视为仅次于紫檀的好材料，一些工匠已开始使用大红酸枝作为木雕材料。因"廖家座"的影响力，廖熙接触的大红酸枝不在少数，对其亦深为推崇。但深入接触"可可波罗"之后，廖熙深信不疑地认为，"可可波罗"无论是从木质稳定性上，纹理上，色泽上，皆超越了大红酸枝，甚至比紫檀、黄花梨有过之而无不及。廖熙本人也在《与承修兄书》中曾提到：

"余事雕刻数十载，未尝见有木胜可可波罗者。其纹似山峦叠伏，看似花梨，尤胜花梨；而质地坚密，颇似紫檀，亦胜紫檀多矣！乃木中之极品，非酸枝、花梨、紫檀诸木可比拟也。"

艺术生涯晚期的廖熙对"可可波罗"的沉迷几乎到了痴恋的态度。廖熙生性豪爽，遇到情投意合的友人，常把自己的得意之作相赠。自 1915 年后，廖熙已鲜有龙眼木和黄杨木作品传世，据考证，其晚期作品多为"可可波罗"木雕作品。由于"可可波罗"材质相较其他木雕材料更优越，廖熙晚期的作品相比于前期，显现出更为细腻的风格，被认为是其艺术造诣的再次升华，廖熙的作品自然成为了古今中外的收藏家竞相追逐的艺术臻品。

廖熙《关公坐像》细节（现藏福建省博物馆）

追忆廖熙的生平，百年之前独钟微凹，不得不佩服他的高瞻远瞩。我们有理由相信，廖熙的"微凹传奇"将在 21 世纪续写，并描下更浓厚的一笔！

以廖熙为代表的"廖家座"，奠定了仙作木雕以立体圆雕为主，造型生动，雕工精细，线条流畅的雕刻艺术风范，创造出灿烂的篇章。但鲜为人知的是，一百年前，一些神奇的"可可波罗"，曾伴随廖熙跨越广袤的加勒比海和大平洋，来到遥远的中国，并在中华大地上绽放出耀眼的光芒。它不仅成就了一个大师巅峰的艺术成就，更在仙作木雕风格的奠定中扮演着重要的角色。在廖熙逝世后的 80 年后，"可可波罗"大量进入国内市场，在《红木》国家标准（GB/T18107－2000）中归为红酸枝类，正式命名为"微凹黄檀"。今天，随着《濒危野生动植物种国际贸易公约》的颁布，红酸枝已成为最具升值潜力的投资热点，其中微凹黄檀又是红酸枝中最具涨势的木材，目前市场上微凹黄檀的价值甚至达到 20 万元／吨，而这种升温的态势，还会持续不断地沿续下去。今天我们

廖熙 《观音立像》（现藏福建省博物馆）

微凹传奇（中）

—可可波罗的西行漫记

十六世纪是人类文明发展史上里程碑式的一个世纪。随着资本主义文明的产生和发展，人类在世界范围内长期以来的孤立逐渐被打破。在这一时期里，"人的发现"与"世界的发现"，成为时代的两个伟大主题，奠定了近现代人类文明的基础。"人的发现"，指的是西方文艺复兴的兴起。文艺复兴发现了新的人性观和世界观，冲破中世纪黑暗的樊笼，从而孕育了近代艺术，推动近现代科学的兴起与发展。"世界的发现"，则是指以哥伦布、麦哲伦、达伽马为代表的航海家进行的新航路开辟运动。新航路的开辟，使欧洲与亚洲、美洲和非洲等地的交通往来日益密切。让人意想不到的是，微凹黄檀（拉丁文：cocobolo）作为一种艺术与文化的纽带，把全世界连成一个整体。

在众多航海家中，发现新大陆的哥伦布，开创了美洲大陆开发、殖民地和移民的新纪元，无疑是"地理大发现"的先驱者。克里斯托弗 · 哥伦布（1451年 –1506 年），西班牙著名航海家。史料记载，哥伦布从小就对大海彼岸的世界充满浓厚的兴趣。一次偶然的机会，青年哥伦布读到《马可 · 波罗游记》。遥远的东方在书中被描述成是遍地黄金的人间天堂，这让一心想得到财富和荣誉的哥伦布倾慕不已，航海冒险的念头在他的心中悄然萌生。

当时，地圆说已经很盛行，哥伦布对此深信不疑。十五世纪以来，西方国家对东方物质财富需求除传统的丝绸、瓷器、茶叶外，最重要的是香料和黄金。其中香料是欧洲人起居生活和饮食烹调必不可少的材料，需求量很大。这些商品主要经传统的海、陆联运商路运输，而东西方贸易的陆路商道却被奥斯曼土耳其帝国隔断，贸易成本剧增，新航路的开辟可谓是时代的呼声。但是哥伦布的航海计划也并非一帆风顺，为了实现抱负，他前后奔走游说了十几年，直到1492年，西班牙伊莎贝拉女王慧眼识珠，说服了斐迪南国王，拿出皇室的私房钱资助哥伦布，才使哥伦布的夙愿得以实施。

1492年8月3日，哥伦布受西班牙皇室派遣，带着给印度君主和中国皇帝的国书，率领三艘百来吨的帆船，从西班牙巴罗斯港扬帆出大西洋，直向正西方向航去。经七十昼夜的艰苦航行，1492年10月12日凌晨终于发现了陆地。然而，此时的哥伦布并不知道他发现的是一片新大陆，只是简单地认为他发现了通往东印度的捷径。当哥伦布登上帕里亚湾南岸，成为第一个登上美洲大陆的欧洲人时，当地的土著民族——印第安人热情地欢迎了他们。他们在沙滩上进行了最初的交易：西班牙人用廉价的玻璃制品，环饰及铃铛，换取了印第安

克里斯托弗·哥伦布(1451年-1506年)

人昂贵的宝石和黄金——在印第安人看来，这些物品显然更具装饰性。

初尝甜果的哥伦布，确认这块土壤上没有更多的财富后，继续登上航船，开始全面的探索。10月28日，哥伦布的舰队到达了古巴岛，他误认为这就是亚洲大陆。随后他来到西印度群岛中的伊斯帕尼奥拉岛（今海地岛），在岛的北岸进行了考察。此时的哥伦布已经离开欧洲大陆整整八个月了，思乡的情绪，

加上对荣誉的狂热，让他迫不及待地想返回西班牙。就在准备启航回程时，他考察了洪都拉斯至达连湾 2000 多千米的海岸线，并在加勒比海的一个小岛屿上，发现了后来见证欧洲文艺复兴盛况的旷世良木——可可波罗。

这个横亘在美洲中部的岛屿，只是加勒比海上众多岛屿中平凡的一个。就连岛上的居民，也与哥伦布之前见过的土著人没有明显的差别。按照交易的惯例，哥伦布用廉价的玻璃制品和当地土著人交换了大量的宝石。然而岛民的异常热情，却让这群狡诈的西班牙人始料未及。或许是满意于这些玻璃制品的良好工艺，土著酋长瓜卡纳加利不仅热情地接待了他们，还额外送给他们几棵不知名的木材表示感谢。酋长告诉哥伦布，这是一种名叫"可可波罗"的木材，在岛上直译名为"帝王木"，是当地最为尊贵的木种。可可波罗木性极佳，自古就是岛屿及岛外的一些部落皇族专属的木材，如若有人擅自使用，即会因逾越礼制而获重罪。

当时的哥伦布并没有意识到，这种传奇的木材，在未来的几百年时间里，不仅见证欧洲艺术文化的繁华与巅峰，而且还在遥远的东方，影响了一个艺术流派的诞生。在他的眼里，这些平平无奇的木材，实在无法比灿烂的黄金、耀眼的宝石更让人兴奋。功利的哥伦布，处置这些木材的方法，竟与一百年前七下西洋的郑和处置红酸枝的方式如出一辙。木材由于密度高，而被简单地放置在船舱尾部，用以遏制狂风恶浪的侵袭。五百年之后，分处于南北半球，同一纬度的这两种木材，经生物学家鉴定，被认定为同属于黄檀属、红酸枝类。两种木材木性相近，就连被发掘的历史也是如此相似，让人不禁感叹造物主的神奇。

在受到热情的款待后，舰队再次起航。有了可可波罗的压舱，舰队在归航的路途中有惊无险，终于在 1493 年 3 月 15 日顺利返回了西班牙。哥伦布带着他的发现成果，前往觐见伊莎贝拉女王和斐迪南国王。哥伦布向皇室展示的珍宝中，自然包括了享有"帝王木"美誉的可可波罗。独具慧眼的伊莎贝拉女王对可可波罗情有独钟，随即指令将可可

斐迪南国王王座

波罗作为材料，打造出一张华贵典雅的王座，作为献给斐迪南国王的礼物。

伊莎贝拉女王的期待很快得到了回报。全西班牙最顶级的家具制造专家聚集一堂，昼夜不停地对王座进行设计及制作。木材剖锯开，可可波罗与生俱来的优良品质——典雅的大红色泽，浓郁的酸香气味，似山峦叠起的美妙纹理一览无疑，令在场的所有人发出由衷的赞叹。完工的王座上画有大卫王远征腓力斯丁的肖像，并以西番莲的纹理点饰，显现巴洛克时代的华丽风格。这尊王座至今仍完好地保存在巴塞罗那历史博物馆，被誉为十六世纪欧洲宫廷家具的巅峰之作。

欧洲宫廷巨匠，当年参与王座制作

的何塞·阿隆索在晚年的回忆录里写道：

"由于所用木材或多或少都存有缺陷，宫廷里的家具都难以堪称完美……然而，可可波罗的出现弥补了不足，这具王座的优雅气度和从容姿态达到了前所未有的高度……"

历史总是有着惊人的巧合，当年郑和引进的交趾黄檀，造就了中国明清家具的繁荣，而哥伦布引进的微凹黄檀，同样造就了欧洲宫廷家具的经典。交趾黄檀与微凹黄檀这对"难兄难弟"的经历可谓一波三折，但却各自成就了一段精彩的艺术传奇，成为世界家具史上一段脍炙人口的佳话。

顺应欧洲资产阶级掠夺新财富、发展资本主义的迫切需求，西班牙皇室很快批准了哥伦布第二次航海探险的请求。1493年9月25日，哥伦布率领由17艘帆船组成的船队，浩浩荡荡地从西班牙加的斯港出发。此次，参加航海的人数达1500人，其中有王室官员、技师、工匠和士兵等。历经两个月的航程，他们于11月21日抵达了首次航海时发现可可波罗的加勒比海岛屿。

第一次发现美洲大陆时，哥伦布和他的追随者满足于以廉价物品换取贵重物品的欺诈行为，与当地的印第安人相处得颇为和平。当哥伦布第二次来到这里时，他的身份已经不再是一个发现者，而是一个征服者。按照他与西班牙皇室的协议，踌躇满志的哥伦布地成为了西印度群岛的总督，以及他所发现海域的海军上将。当哥伦布自信满满地提出，用比初次交易时更为精致的玻璃制品、装饰品、工艺品来换取岛上的可可波罗时，意想不到的事发生了。在西班牙人眼里"温顺、慷慨、友好"的印第安人，居然一反常态，非常生气地拒绝了他们的请求，并粗暴地将哥伦布和他的跟随者们赶出了岛屿。

财富的攫取，荣誉的信念，特别是对可可波罗的渴望，让哥伦布和他的跟随者们萌生了征服美洲大地的强烈渴望。在黎明破晓前，西班牙人抢滩登岛，并征服了这块丰腴的土地。在取得岛屿上可可波罗的控制权之后，哥伦布又将他的目标转向墨西哥、尼加拉瓜、危地马拉、萨尔瓦多等中美洲各国，继续开发可可

微凹黄檀原材料

波罗资源。在哥伦布及其继任者的大力开发下，可可波罗作为皇室专用的木材，被源源不断地输送回西班牙。1513 年 9 月 25 日，哥伦布的继任者巴尔沃亚登到达一个叫"巴拿马"的小渔港，在港口的原始森林里，发现了数量空前的可可波罗。让巴尔沃亚登更为兴奋的是，相较于其他中美洲国家出产的可可波罗，他发现巴拿马的可可波罗从密度、油脂、色泽、纹理等各方面指标，均远胜一筹。如果让时光倒退几百年，以如今的科学实验来判断，巴拿马出产的可可波罗的综合指标，甚至远远超过今天市场上如日中天的交趾黄檀。

可可波罗的深度挖掘，致使西班牙一举成为欧洲文艺复兴出时代最具艺术成就的国家之一。在不见天日的原始森林中，历经千年孤独的等待，这些可可波罗在广袤的大西洋中飘蓬辗转，在人类的征服史上，完成了一场传奇的"西行漫记"！

可可波罗从十六世纪进入欧洲以来，见证了文艺复兴鼎盛的历程，同时也在文艺复兴的过程中，发挥着举足轻重的作用。上个世纪六十年代，剑桥大学欧洲近代史研究专家理查德 ·J· 诺兰教授曾经提到：

"开发美洲带来了巨大的财富，使十

六世纪后半叶和十七世纪初，西班牙文艺复兴进入'黄金时期'……美洲独有的物质文明，是促进这场变革的关键因素。"

诚然如此。在整理欧洲近代史流传下来的珍贵文物中，我们不难发现，文艺复兴时期辈出的人文巨擘身旁，总是伴随可可波罗的身影：塞万提斯、莎士比亚、拉伯雷的鹅毛笔，曾伴随他们书写出《唐吉诃德》《哈姆雷特》《巨人传》的等旷世名著；米开朗基罗、拉斐尔、提香的画板，曲折地描绘了没落旧制度的衰亡和新时代的诞生；蒙台威尔地、巴赫、维瓦尔蒂的提琴，置于幽暗的殿堂里仍回荡出动人的音符；伊丽莎白一世、弗朗索瓦一世、彼得大帝曾端坐在可可波罗制成的王座上，创造了多少盛世帝国的辉煌。如果缺少了可可波罗的贡献，或许欧洲文明史上就会少了很多精彩，平添几分遗憾！

在可可波罗流传到欧洲四百年之后，清末一代巨匠廖熙飘洋过海，来到它的故乡——巴拿马，将它带到遥远的东方，并使其在"仙作"木雕风格的奠定中扮

微凹黄檀工艺品

演着重要的角色。这是史料记载，东方人接触可可波罗的最早纪录。历史的车轮驶入二十一世纪，随着中华传统文化的崛起，古典家具产业蓄势腾飞，优质的可可波罗大量进入国内市场。在2000年修订的《红木》国家标准（GB/T18107－2000）中，将其归为黄檀属、红酸枝类，并正式命名为"微凹黄檀"。如今，随着《濒危野生动植物种国际贸易公约》的颁布，红酸枝已成为最具升值潜力的投资热点，其中，微凹黄檀又是红酸枝中最具涨势的木材。目前市场上品质上乘的微凹黄檀，其价值甚至达到20万元/吨，这种升温的态势，还会持续不断地沿续下去。在古老的欧洲文艺复兴历程中闪耀着光芒的微凹黄檀，必将中华文化伟大复兴的新时代里续写传奇，创造出更加灿烂、辉煌的不朽诗篇！

微凹传奇（下）

——跨越时空的海上丝路传奇

从上海浦东飞往美国迈阿密，再从迈阿密飞往微凹之城——巴拿马城，在空中经历了二十多个小时的颠簸，以及更漫长的候机时间。清晨八点，当我拖着疲惫不堪的身躯走出巴拿马城航站楼时，一股湿暖的空气瞬间包围住我，这让我意识到：我已置身于一个典型的热带海洋性气候国度。

巴拿马位处中美洲和南美洲接壤的地带，狭长的国土分隔开太平洋与加勒比海，是地球上离中国最远的国家之一。然而对我来说，巴拿马一点都不陌生。早在2004年，在我进入红木行业的翌年，我就已踏足这片土壤，进行深入的基地考察。古老而神秘的巴拿马古城，苍郁而茂盛的原始丛林，丰富而优质的微凹黄檀资源，带给我前所未有的触动，最

终促使我决定在这投资，建立起公司在海外的又一个原材供应基地。

如果说先前的巴拿马之旅，仅是为了寻觅更多品质上乘的微凹黄檀原材，那么此次远行所承载的任务则多少让人更期待。作为华侨大学海上丝绸之路研究院的共建者，此次我的行程地域将横跨拉丁美洲和东南亚，在接下来一个多月时间里，我将在这条有着数千年悠久历史的海上丝绸之路上，寻觅与探索红木文化相关的浮光掠影。遥远的巴拿马，是这段漫长的文化旅程的第一站。

巴拿马古城始建于1519年，是当年欧洲殖民者在美洲太平洋地区的最早定居地之一，这也决定了巴拿马城文化的多样化与包容性。走在巴拿马城，随处可见西班牙、法国或意大利风格的建

筑，圣母大教堂，圣何塞修道院、老市政府、奴隶市场……等等，这些都是"太平洋皇后"之称的巴拿马城的历史见证。巴拿马古城，简直成为一个无国界的世界博物馆！

在巴拿马城，被誉为"世界七大工程奇迹之一"的巴拿马运河几乎是所有旅游者必去的景点。站在可容纳约二十人的观景台，我们可以看到船只缓慢通过的全过程。晨曦的光芒洒在狭长的运河上，河面泛起亮闪闪的波光，大量巨大的油轮排着队等着开闸过河，海员们

1916年巴拿马运河

的脸上洋溢着笑容向我们友好地挥手。

今天的运河，已经建成近一百年。船闸只有304.8米长、33.53米宽、12.55米深，最大只能通行装载五千个标准柜的货柜船，与世界先进的货柜船已有一定的差距。虽然如此，这条运河连接了太平洋和大西洋，使得航行距离缩短一万多海里，它在全球贸易领域的地位还是无法撼动的。要知道，巴拿马运河每年的收入也达到15亿美金，承担着全世界5%的贸易货运。虽然遥远的巴拿马至今仍未与中国建立外交关系，但仍不影响中国是巴拿马运河的全球第二大客户，在这些万吨级别油轮的集装箱里，就有很大一部分是近年来在中国红木市场上需求量巨大的珍稀木材——微凹黄檀。

微凹黄檀，又称可可波罗（拉丁名cocobollo），在当地土著部落中被冠以"帝王木"的美誉，红木国标（GB/T 18107—2000）中被归为红酸枝类。它的木质坚硬，心材呈红褐色，纹理变化多样，富含油性，具备着顶级硬木的所有特征，被市场公认为是性能上最出色的红酸枝材料。2013年以来，随着《濒危野生动植物种国际贸易公约》的颁布与生效，微凹黄檀的出口受到了政策约束，严重制约了它在中国的供应量。一时之间，微凹黄檀的价格一路飙升，已然成为目前国内市场上最具潜力的红木材料。

国际贸易是海上丝绸之路研究的重要方向，厘清微凹黄檀的贸易史，对于追溯中国红木家具的源头，其重大意义不言而喻，这也是我此行中研究的一个重要课题。

中巴国际贸易往来历史悠久。早在17世纪，葡萄牙人就已经开辟自广州起航经澳门出海，到马尼拉中转至巴拿马的贸易航线。其中，中国出口的商品主要有生丝、丝织品、瓷器、糖、棉布、中药等数十种，而从巴拿马经由马尼拉再运入广州的商品则有白银、苏木、棉花、蜂腊和墨西哥洋红等。然而奇怪的是，在翻阅明清时期关于中国对外贸易的众多历史文献时，我却未找到微凹黄檀的只字片语。这不禁让人感到困惑，为什么像苏木这样普遍的木材都在贸易的清单里，而旷世良材——微凹黄檀却被排除在外？

在巴拿马城逗留了数日里，我一直思索着这个疑问。按照惯例，在巴拿马城的头几天，我与原材料基地的同事见面，并处理了一些商务上的事务。在这

微凹黄檀工艺品

福满人间 画筒

段时间，巴拿马市政厅的一位官员提醒我，可以尝试咨询巴拿马学术界的专家。真是一语惊醒梦中人！处理完身边的事务后，我就迫不及待地前往巴拿马最高学府——巴拿马大学，在那里，我的老朋友巴勃罗·阿里亚斯教授，这个巴拿马国际贸易史最权威的专家正在等着为我指点迷津。

阿里亚斯教授轻啜一口咖啡，向我娓娓道来历史的真相——

16 世纪以来，为了满足资产阶级聚敛财富的迫切需求，欧洲各国纷纷开始了新航线的开辟运动。其中，受西班牙皇室资助的哥伦布，率先于 1492 年发现了美洲新大陆，并攫取了巨大的财富。大量输出到欧洲的不仅有黄金、白银、宝石、玉米、烟草等商品，更有见证欧洲文艺复艺萌芽与发展的微凹黄檀。

历史记载，这种木材最初是土著酋长赠送给哥伦布的礼物，哥伦布处置这些木材的方法，与当年郑和处置交趾黄檀的方式竟如出一辙——同样被简单地放置在船舱尾部用以遏制风浪。幸运的是，在它被运回欧洲后，很快就被慧眼识珠的西班牙女王伊莎贝拉所青睐，并斫制成十六世纪欧洲宫廷家具的巅峰之作——斐迪南国王王座。仿佛就在一夜之间，微凹黄檀风靡欧洲，成为全欧洲的王室贵族争相争逐的对象。后世的史学家在整理欧洲近代史流传下来的珍贵文物中，发现塞万提斯、莎士比亚、巴赫、维瓦尔蒂等文艺巨匠生前使用过的物品中，许多都由微凹黄檀制成，微凹黄檀幸运地见证欧洲文艺复兴时期艺术的繁华与巅峰。

随着文艺复兴的兴趣，欧洲各个领域的艺术形态膨胀，需求量剧增，有限的木材资源与人力开采，还是无法满足欧洲王室贵族的巨大需求。在这样的环境下，西班牙人加强了对微凹黄檀资源的保护，将微凹黄檀供应到遥远的中国，也就成了一个奢侈的梦想了。

阿里亚斯教授的解答让我深感信服。不知不觉，我们愉快地聊了一个多小时。

这时大学课堂的铃声响起，教授起身示意他该上课了，我和他握手致意，感谢他为我的答疑，转身离开巴拿马大学，前往另一站目的地。

我前往的地方是与哥伦比亚接壤的达连国家森林公园，它曾于1999年被联合国教科文组织列为世界生物保留地。我来到这里当然不只是欣赏这里的自然风光和野生动植物，而是为了凭吊一位伟大的艺术家，他曾于一百年前在这里发现微凹黄檀，并将它带到遥远的中国。在他的手中，微凹黄檀被打造成一个个艺术鲜明、造诣高深的艺术品。这个艺术家就是清末一代工艺巨匠、"仙作"木雕风格的奠基人——廖熙。

1915年2月，廖熙满载国民的期望，横跨广袤无垠的太平洋，参加规模空前的巴拿马万国博览会，并以其作品《代代相传皇宫椅》摘获了展会的金奖。正当廖熙准备启程回国时，巴拿马的波拉斯总统盛情邀请廖熙到巴拿马参观，一代段传奇之旅由此展开！

在巴拿马短短数日的游历中，廖熙夙愿以偿，找到毕生都在寻觅的雕刻良材——微凹黄檀。晚年的廖熙曾在日志中感叹，可可波罗是他毕生见过木性最出色的木头，甚至"非酸枝、花梨、紫檀诸木可比拟也。"在当时，黄杨、龙眼、紫檀等材料是木雕界公认的最佳材质，据考证，廖熙晚期作品却多为可可波罗木作，近代艺术理论家认为，晚年廖熙的作品中，显现出更为细腻、圆润的风格特点，是其艺术造诣的巅峰。借助可可波罗与生俱来的造型、纹理、油脂、色泽等卓越优势，廖熙创造出超越时代的艺术典范，他的作品成为了古今中外收藏家们竞相追逐的艺术臻品。

站在这块土壤上，我想象着廖熙与微凹黄檀初次亲密接触的情景，感受着他无法言喻的喜悦。那是一种超越人与物境界的心灵沟通，当艺术的魅力与极致的木材交汇的那一刻，传奇已然诞生！

接下来的几天里，大部分的时间都穿梭在当地的原始森林中，进行硬木木种鉴定、品质评定等工作，繁忙而充实。确保所有工作都有序地进展后，我开始前往海上丝路之旅的下一站——东南亚。

飞机航行了近三十个小时，抵达柬埔寨首都——金边。当我走出机舱时，一股暖风迎面扑来，让我在恍惚间以为自己仍在巴拿马。相同的纬度，相同的气候环境，注定了两个国度有着相同的传奇！

这同样是一个我熟悉的国度——在暹粒、戈公、柏威夏、拉塔纳基里…多年来，我们团队的足迹踏遍这里的每一个原始森林，进行艰苦的勘测工作。与在巴拿马一样，我们所寻觅的，同样是红酸枝中的一种珍贵品种——交趾黄檀。

在金边没有做太多的停留，我就直奔此次旅程的目的地——西哈努克港。当我们抵达那里时，已近日暮时分，然而仍然可见一派繁忙的景象。漫步在港口码头上，随处可见往来的货船汽笛长鸣，港口吊机不停地工作，装卸桥忙碌地将集装箱往轮船上运输。作为传统的农业大国，柬埔寨有着丰富的林业资源，森林覆盖率高达 62%，木材自然也是其主要出口产品。在码头工人装卸的集装箱里，就有很大一部分是近年来在中国市场上需求量巨大的交趾黄檀。

西哈努克港原名磅逊港，位于柬埔寨西南海岸线上，是与越南的岘港、泰国的曼谷并列，全球红木出口量最大的三个海港之一。在港口上，我看见大量的红酸枝、花梨、乌木等名贵硬木被装箱，满载于商船上驶向国外。码头工人告诉我，近年来，柬埔寨政府为保护本国森林资源曾一度禁止木材出口，然而在巨大的市场需求下，木材出口供应量还是逐年呈上涨趋势，其中大部分木材销往中国，以满足中国对红木家具日益狂热的追求。强大的刚需下，国家决策往往会被市场经济所左右，果真是亘变不变

的经济定律。

柬埔寨与中国的关系自古紧密。元代时期，周达观所著的《真腊风土记》即有对当时柬埔寨历史与文化的详细记载。近年来，学术界考据，明代永乐年间声势浩荡的郑和七下西洋中，红酸枝扮演着压舱镇浪的重要角色。我时常揣测，红酸枝是否最初就是在柬埔寨被发

郑和下西洋

现的？这个揣测并非无端的臆度，据当年随郑和南下的马欢所著的《瀛涯遥胜览》中记载，郑和舰队在第二次下西洋时，误入暹罗湾而无法西行，在返程时曾抵达东海岸，这个东海岸应该就是今天的西哈努克港。遗憾的是，狭长的湄公河容纳不了两百多艘规模的庞大舰队，因此史籍中也便没有郑和在柬埔寨的只字记载。

站在渡口码头，我极目远眺，前方是一片浩瀚无垠的太平洋，风平浪静，风正帆悬。然而，谁又能想象，千百年来，在它"太平"的假象下曾埋葬了多少满载梦想的商船。距今约六百多年前的一天，郑和舰队曾从这里驶出，突然狂风大作，波涛颠簸。在恶劣的气象和海况环境下，郑和就地取材，选用了分量重的红酸枝压舱，以镇狂风恶浪，舰队才避免被大海吞噬的厄运。只是当时所有人都没有意识到，此次磨难不仅揭开了世界航海史上波澜壮阔的序幕，更缔造出一段恒久流远的红木传奇。

郑和下西洋，是已知的交趾黄檀进入国内的最早纪录。名贵材质的大量使用，创造了明清家具的艺术巅峰，使得古典家具蔚为流行，这种流行甚至延续到六百年后的今天。郑和七次下西洋，起程补给及归程上岸的地点都选择在福建长乐的太平港，由于交趾黄檀在当时仅作为压舱木，并未引起人们的重视，因此上岸后即被船员们随意搁置岸边。久而久之，福建便成为当时红酸枝的集散地。毗邻长乐的莆田，也成了中国红木家具制作历史最悠久的城市之一。

带着沉甸甸的收获，我的海丝寻根之旅也就到了一段落。跨越时间与空间的界限，今天，我们追溯微凹黄檀与交趾黄檀在海上丝绸之路上的传奇经历，不禁感叹造物主的不可思议——两种传奇的木材，它们何其相似！如同一对孪生的兄弟，虽然在远隔千山万水的土壤上各自生存，却又彼此之间心灵感应——

首先，微凹黄檀与交趾黄檀两木种同属蝶形花科、黄檀属，在国标中归为红酸枝类，同为国际二级濒危保护品种。最优良的交趾黄檀产于老挝，最优良的微凹黄檀产于巴拿马，产地的纬度均在北纬 22° –10° 之间，相同的土壤，相同的气候，相同的海拔，使两种木材展现出同样出色的木质与秉性。

其次，从材质特点上看，颜色、气味、纹理等各角度，二者非常接近，难以分辨。业界普遍认为，产自巴拿马的微凹黄檀甚至要比产自老挝的交趾黄檀材质更优秀。二者的材质均比较光滑、稳定性也比较好，微凹黄檀在油脂质感上比交趾黄檀丰富。在气干密度上，微凹黄檀一些优秀的材质达到了惊人的 1.3 克 / 立方厘米，也远远胜过了交趾黄檀。

最后，从文化成就上，我们发现历史总是有着惊人的巧合——两种木材最初都是在海上丝绸之路中被作为压舱镇浪的木材引进，并在后期脱颖而出。由郑和引进的交趾黄檀，造就了中国明清家具的经典，由哥伦布引进的微凹黄檀，则成就了欧洲宫廷家具的艺术繁荣。相同的经历，成就相同的艺术传奇，成为世界家具史上一段脍炙人口的佳话！

今天，随着中国"一带一路"战略的提出，沉封已久的海上丝绸之路重新回归到国人的视野中。悠远的海上丝绸之路，就像一条地球的蓝飘带，将不同的板块和文明紧密连接，成就了东西方之间血脉相连，却又各具特色的家具文化，创造出一段跨越时空的经典传奇。随着 21 世纪新丝绸之路的开辟，将更进一步促进了东西方文明的交流与共同繁荣，在这条波澜壮阔的海上丝路上，也必将开启更灿烂、辉煌的新时代！

温故1915：
巴拿马万国博览会仙作家具
获奖纪实

巴拿马万国博览会

　　一百年前的今天，是中华民族工业闪耀国际舞台的肇始之初。在波谲云诡的国际环境下，中国以前所未有的气魄组团远渡重洋，参加巴拿马万国博览会，最终斩获奖章1211枚，为各国获奖之冠。

自此以来，巴拿马参会精神代代相传，成为民族企业自强不息、奋斗不止的不竭动力，中国民族经济经历了由封关锁国到改革开放，实现了由落后国家到如今世界贸易大国的华丽蜕变。

一百年后的今天，在"实现中华民族伟大复兴"的征程上，中国优秀传统文化迅速崛起。APEC 峰会中各大宴会会场上浓重的中国风韵，在会场中惊艳亮相的仙作家具受到了全球瞩目与赞叹。回顾 1915 年巴拿马万国博览会，当汾酒、张裕、茅台、华泰丝绸等品牌的大名响彻四海时，鲜为人知的是，古典家具中影响力最大的流派——仙作家具也曾在巴拿马万国博览会的土壤上同台竞技，并摘得桂冠，将东方人文工艺的魅力和韵味淋漓尽致向世界展示。延续人文经典，温故 1915，让我们拨开历史的浮云，去追溯百年前的那段不为人知的艺术传奇——

"廖家座"与仙作家具起源

仙作家具，泛指福建莆田、仙游一带制作的古典工艺家具。莆仙一带历史悠久，文教彰明、英杰辈出，人文历史内涵丰厚，自古即有"海滨邹鲁、文献名邦"的美誉。清代以来，"廖家座"横空出世，成为晚清最具影响力的四大木雕流派，而"廖家座"的灵魂人物，一代名匠廖熙，更是以明清家具经典款式

的延续和创新为出发点，将莆仙当地的传统国画艺术、雕刻艺术与家具制作技艺完美融合，最终奠定了仙作工艺以造型生动，雕工精细，线条流畅等家具艺术风范，创造出灿烂的艺术篇章！

廖熙，福建莆田城内坊巷（今城厢区凤山街坊巷）人，清同治二年（公元 1863 年）出生于一个颇富盛名的雕刻艺术世家。据民国年间《莆田县志》记载，廖熙的祖上廖明山曾以"善用寸木雕镂人物、花草、虫鱼等"闻名于世。在浓厚的家族传承教诲下，廖熙从小就体现出惊人天赋，有着多方面的艺术才能，塑、画、刀、艺达到炉火纯青的境界。从 13 岁时起，廖熙亲自创作的木雕作品，更是连年被当选为贡品供奉于朝廷，时人将他与温州的朱子常，福州的柯世仁、陈子锡并称为晚清木雕"四大家"。而在这四者中，廖熙更是以凝练纯正、劲健隽永、仪真神传等特点，被誉为"晚清木雕艺术的集大成者"。

光绪十四年（1888 年），清政府重修被战火烧毁的清漪园，作为西太后退居休养之地。时仅 26 岁的廖熙被征召入

颐和园　万寿山

京，带领廖家班底重修园内建筑及景观，在细节上改变了清漪园的原貌。重修后的清漪园集传统造园艺术之大成，万寿山、昆明湖构成其基本框架，借景周围的山水环境，饱含中国皇家园林的恢弘富丽气势，又充满自然之趣，高度体现了"虽由人作，宛自天开"的造园准则，光绪皇帝甚为满意，将园名更改为"颐和园"。修复颐和园的这段经历不仅让廖熙名扬天下，更让他开阔了视野，深刻感受到中国传统建筑与人居文化的精髓，对廖氏工艺风格的形成，产生了深远的影响。

随着"廖家座"名扬四海，加上廖熙生性豪爽，喜交游，乐助人，因此上至达官贵人，下至平民寒士，大凡才通风雅者皆与其交善，其中较为著名的有江春霖、李霞、李耕、张琴、关陈谟、林翰等。光绪三十二年（1906 年），乡贤江春霖擢升为监察御史，远赴京城就任新职，恰逢宫廷内务府造办处的木作司匠因年逾古稀而告老还乡，江春霖于是向光绪皇帝力荐廖熙入宫替其职务。光绪皇帝对廖熙及"廖家座"的盛名素有耳闻，于是欣然允之。次年，廖熙正式进入内务府造办处任职，带领数百名杂役木工，负责清宫家具营造统筹事务。

清朝晚期，由于紫檀、红酸材等家具材料紧缺，皇帝对于内务府各司、院、处分辖各作坊的工作甚为关注，廖熙凭借自己的聪明才智，精湛的工艺技艺及高超的统筹事务能力，经常受到皇帝的赞许与嘉赏。光绪三十四年（1908 年），廖熙组织役匠营造出一对举世无双的皇宫椅，皇帝龙颜大悦，赏赐寿礼甚丰，并欣然挥笔御题"巧夺天工"的匾额作为褒奖。

在内务府造办处任职期间，廖熙根据皇帝的旨意，对苏作、京作、广作三大流派家具的特点进行细致的分析，去粕取精，并有机汲取了绘画及雕刻艺术的元素，将艺术性与实用性进行完美融合，创造出独具一格的家具艺术风格。从《清官造办处活计库各作成做活计清档》中我们发现，数年间，廖熙带领的木作坊创作出不少作品，但是保存至今的只是其中的一部分，大多已失传。

近代学者分析，当年廖熙开创的家具制作风格，即是近代出现的仙作流派的雏形。据记载，廖熙在内务府造办处任职至 1910 年，历经光绪、宣统两任皇帝，后因同乡江春霖屡劾权贵闻名遭罢官一事，痛感清廷腐败，国亡无日，因此绝意弃官回乡养母，同时也将宫廷的技艺带到莆仙一带，创造出今天仙作流派的灿烂与辉煌。

旷世之作"代代相传"诞成记

1915 年，美国政府为庆祝巴拿马运河通航，在旧金山举办了"巴拿马万国博览会"，会期历时九个半月，共吸引了 31 个国家参展，参观总人数超过一千八百万人次。巴拿马博览会是一段难以磨灭的中国记忆。在接到美国政府邀请之后，筹备巴拿马赛会事务局很快成立了，在陈琪、张士弼等爱国人士的奔走组织下，各省相应成立筹备巴拿马赛会出口协会，制定章程，征集展品。

1914 年 6 月 16 日，农商部特地派员分三路前往各省审查，北路赴直隶（今河北）、山东、奉天（今辽宁）、吉林，中路赴河南、湖北、湖南、江西、安徽，南路赴江苏、浙江、福建、广东，其中还有一些偏远省份和参赛品不多的省份，就近并入附近省份接受审查，展品筹备工作紧锣密鼓地进行中。

作为传统的工艺美术强省，福建参与的赴赛品种，主要以茶叶、漆器与木雕为主，展品主要集中在占地 11168 方尺的工艺馆里。这是中国参赛的九大馆中最广大、最丰盛的展馆，它将最集中地对全世界展示中国文化的魅力，因此也倍受国民政府的重视。工艺馆布展事宜的负责人是时任农商部司长的陈承修。

陈承修是福建闽县人，在本次赛事中同时也负责福建赛品的征集。陈承修为人颇好风雅，其"精鉴赏，富收藏"，

1915年3月9日，开幕日中国政府馆院内

与国内众多工艺巨匠皆有来往，与廖熙的关系尤其密切。在其负责工艺馆筹备事宜时，因人手不足的缘故，陈承修深感力不从心，屡次向国民政府着力推荐名望素著，且有统筹经验的廖熙作为工艺馆筹备布展的主力人选。此时的廖熙唯心系工艺之事，早已无心过问政事，但是陈承修数次亲临廖家说服，最终以其诚意打动廖熙，使其欣然允诺。

当时距巴拿马万国博览会只有不到三个月时间，然而廖熙的参赛作品却毫无头绪。随着时间的日渐临近，廖熙倍感压力，终日苦思冥想，茶饭不进。在与其诸友通信时，常流露出苦闷之情。

时任国会众议院议员的同乡好友张琴见他精神萎靡，便盛邀他到北京散心，并陪伴出游。一日，廖熙前往紫禁城观景，恰逢政府派员清单宫中文物，远处两人抬出一张老旧的皇宫椅，勾起了廖熙的回忆。那张皇宫椅正是当年廖熙率众营造，并受光绪皇帝恩赐的一张。与宫中其他皇宫椅不同的是，此件作品的靠背板、扶手、角牙之处均满饰牡丹图案，上下一致，视感统一，尊贵奢华，有"花

开富贵，代代相传"的深意，寄寓大清帝国福祚延绵的愿望。廖熙仍记得，当时光绪皇帝见此椅大喜，亲命其名为"代代相传"，并欣然题下"代代相传，国色芬芳，凤凰鸣兮，福祚孔章，大清承运，被泽无疆"的词句。

廖熙 历史照片

沉稳端庄的"代代相传"皇宫椅并未延续日薄西山的大清帝国的寿命，然而椅中蕴含的民族崛起的情感诉求，寄寓着全体华夏同胞的共同意愿。廖熙突然萌生灵感，产生了以此套皇宫椅出展巴拿马万国博览会的念头。兴奋的廖熙来不及做太多准备，次日即辞别好友回到家乡，马不停蹄地进行皇宫椅制作。

由于早年曾率众工匠营造过此套座椅，廖熙在设计上未并花费太多时间，所有的问题汇于一点：选材。此套皇宫椅的前身是由紫檀做成，俗话说"十檀九空"，紫檀的大料已不多见，再加上晚清以来，紫檀存世量日渐稀少，极力寻找之下，廖熙仍未能觅得材质的独板材料。在众人劝说廖熙继续寻找紫檀良材之时，廖熙却排除众议，非常坚定、果断地遴选了另一种珍稀的木材——交趾黄檀作为家具材质。

如果说明朝是黄花梨的时代，清朝前中期是紫檀的时代，那么清朝晚期到民国，直至当今，则无庸置疑是红酸枝的时代。红酸枝与黄花梨、紫檀并称，不唯标示"一时代有一时代之木"之义，

更体现了一点，红酸枝，特别是之中的极品——交趾黄檀在木性上的表现绝世无双，甚至要强于黄花梨与紫檀。

交趾黄檀的纹理变化多样，富含韵味，颜色肃穆典雅，变化万千，油脂度好，木材结构稳定，这是它在东南亚的原始森林中，经历风雨和各种自然因素，加之自身高贵生长特质而形成的。在普通的庸材中，如此大的板料很易见到，而交趾黄檀却不然，"百年黄花梨，千年红酸枝"，能制作这种顶箱柜的材料，必定经历数百年乃至千年的生命沉淀。独板的红酸枝纹理对称优美，似层峦叠嶂，使人赏心悦目，更有一种返璞归真的审美妙趣。

"代代相传"折桂国际博览会

1915 年 2 月 20 日，在美国旧金山宝石大厦，威尔逊总统亲自为巴拿巴万国博览会隆重揭幕，历时 10 个月的博览会上，来自 30 多个国家的 20 多万件展品分别在 11 个展馆展出。当时的中国参展商品主要有工艺品、茶叶、瓷器、丝绸、白酒等，共超过 4000 多件展品。而在万众瞩目的工艺馆中，廖熙的作品《代

1915巴拿马万国博览会中国馆活动

代相传皇宫椅》前人声鼎沸，当它第一次展现在世人面前，雕缕砌珠的工艺，"天圆地方"的哲思，花开富贵的华贵，与生俱来的王者气质顿时惊艳全场，征服了所有挑剔的观众与评委。

牡丹造型多曲卷圆润，线条曲卷多变，花朵繁复华丽，层次丰富；花瓣曲卷，富有弹性；叶脉旋转翻滚，富有动感，总体结构舒展而流畅，饱满而华丽，生机勃勃，象征着中华民族的国运昌隆，象征着艺术传承生生不息，寄寓着"代代相传"的良好愿望。据记载，在那届博览盛会上，人们为了一睹东方艺术魅力，争先恐后地拥入展馆，从普通观众再到政界要员，凡是见过《代代相传皇宫椅》的，无不发出由衷的赞赏。"观者驻足，美评时闻，感啧啧称赞"。

此次参展，中国特产种类的丰富、

品质的优良、工艺的精湛都引起轰动，以至于外国人评价中国为"东方最富庶之国度"，更有人称为"东方大梦初醒、前途无量之国"。巴拿马万国博览会评奖结果，中国出品共获金牌、银牌、铜牌、名誉奖章、奖状等 1211 余枚，更是在 31 个参展国中独占鳌头。作为巴拿马万国博览会工艺美术领域的获奖代表，廖熙的作品《代代相传皇宫椅》，标志着其技术工艺和质量水平，当时已处于世界领先地位，之后更传承辉煌，发展壮大，为民族品牌树立了优秀的标杆，这是中国第一次在国际舞台上展现中式艺术的极致魅力。

今天，走过世纪的沧桑岁月，当年折桂巴拿马万国博览会的廖氏工艺，早已湮灭于历史的尘埃中。而由廖熙为代表的"廖家座"创造的仙作家具历久弥香，迸发出勃勃生机，早已遥遥领先传统的苏、京、广三派，成为市场上最具影响力的家具流派。百年辉煌历程，正是中华民族伟大崛起的缩影，今天，我们回顾那段历史，追溯民族工艺百年来发展的光辉历程，并将之转化为传承发展的不竭动力，我们也希冀有着光辉历史的仙作流派，在现代化的市场竞争中依然充满活力、占得鳌头，续写传奇！

1915巴拿马万国博览会中国馆正门牌楼

第三章

赏心乐事谁家院

一木一器，灵韵天成

——大红酸枝木雕的艺术意蕴与收藏价值

天地精神，孕化万物。作为清朝皇室御用的贡木，大红酸枝生长于湄公河流域和亚马逊流域的原始森林中，在独特的自然环境下，历经千年的岁月沉淀，大器晚成，享有"木中贵族"的美誉。大红酸枝材质质地坚硬，纹理细腻华美，用其雕刻出来的艺术品，在方寸之间尽显鬼斧神工的自然造化之绝。一件件或古朴或华丽的妙品，超越光阴的罅隙，散发出永恒的光芒，不断地成为当代木雕艺术大师的灵感来源，并使得代代后人得以一窥中国传统艺术之美。下文笔者将从大红酸枝木雕的缘起和发展入手，结合笔者多年来材质研究和工艺鉴赏的感悟，多方面阐述大红酸枝木雕的独特审美感受与收藏价值。

一、大红酸枝木雕的缘起与发展

大红酸枝木雕的起源，得益于"文献名邦"莆田深厚的文化底蕴。莆仙的木雕历史悠久，雕艺精湛，素以"精微透雕"著称。据宋代出版的《仙溪志》中记载，盛唐时起，莆仙一带的佛教寺庙中，已可窥见莆仙木雕雕刻工艺雏形。及至北宋时期，"刻木铭心处，乘雷可升腾"，相传宰相蔡京在九鲤湖惊梦而悟，召家乡的工匠把京都宫廷器具与书画艺术相结合，制作出木雕家具，首开莆仙木雕工艺之先河。现存于世的木雕之作，如文峰宫木雕妈祖圣像、林恢雕刻的梅妃江采苹及太师陈文龙殉国题材木雕，都是那个时代的绝世珍品。造型简练、刀法娴熟、线条流畅，风格独异，不难

莆田二十四景之 梅妃故里

看出，宋代时期莆仙的木雕作品已具备较高的艺术水准。

明代时期，莆仙木雕形成了造型简洁、明快清新的艺术风格，至今在莆田、台湾、日本长崎、鹿耳岛等地的天后宫，尚存有一些明代木雕妈祖像以及匾额、围屏、祭器等文物。莆田黄石镇江东浦口宫中，省级保护文化《透雕护栏》，即是明代莆仙精细木雕的代表作。此外，

莆田的城厢、荔城、涵江，仙游的城关、榜头、枫亭、郊尾等地的建筑及家具中，皆存有古代人物、花鸟、博古、山水等雕刻精品传世，整体造型简洁、明快清新，深具鉴赏价值。

清代至民国，是莆仙木雕的繁盛时期。这一时期，大红酸枝等红木开始从东南亚大量进口到国内。作为当时对外开放的重要港口，秀屿港囤积了一批优

质的红木，为当时大红酸枝木雕的成长，提供了得天独厚的成长土壤。作为清宫的三大贡木，黄花梨、紫檀是皇亲贵戚的专属，对寻常百姓而言遥不可及，而大红酸枝木则从民国开始就流行于民间的富贵人家中，这也进一步促进了大红酸枝木雕在民间的萌芽与发展。清朝至民国时期的工艺风格，普遍结构考究、装饰华美、繁复厚重，大红酸枝典雅的大红，隽永的香气，完美契合了时代的需求。当时影响巨大的廖氏家族，善于在寸木间雕缕人物、花草虫鱼，一代名匠廖熙，更是跨越国门，斩获巴拿马万国博览会的金奖，廖熙现存于世的一些作品中，即有一些是大红酸枝木雕。

建国以来，莆仙木雕如沐春风，焕发生机。许多木雕艺人继承传统工艺，同时大胆开拓创新，放眼于瞬息万变的现代潮流，木雕工艺更趋完善，创作出不少精品杰作。朱榜首、佘文科父子、黄丹桂父子、闵国霖等大师创作出系列作品，在国内外获奖无数，被视为业界的一流杰作。及至当代，大红酸枝家具

的行情持续走热，而"仙作"也已成为国内红木家具的翘楚，大红酸枝木雕得到更长远的发展。一批批有理想和抱负的木雕艺人，在继承传统木雕工艺的基础上，探索创造富有独特风格的雕刻艺术，使大红酸枝木雕技艺飞速发展。

二、大红酸枝木雕的艺术意蕴

大红酸枝木雕是以大红酸枝作为雕刻材料而得名。大红酸枝，俗称"老红木"，是中国古典家具珍贵的制作材料。大红酸枝终年生长于环境恶劣的热带雨林中，由于环境的限围，其生长缓慢，成长周期冗长，历经几百年沧桑，方得伐用，然而也正是由于这些苛刻的生长环境，大红酸枝历经无数磨难，所以更富内涵，拥有着一般木材无法比拟的优良属性，其在密度、油脂、色泽、气味、纹理、柔韧、稳定性等方面，均有着卓越的性能，甚至超过了黄花梨与紫檀，贵族气质与生俱来，不彰自显。

大红酸枝木雕正是借助大红酸枝的木质特点，而实现其卓绝的艺术效果。产地不同，开料时间不同的大红酸枝，

有着迥异的色彩，赤橙黄绿青蓝紫七色
一应俱全。而常态下的大红酸枝木料，
无需上漆就已是枣红的典雅色彩，时间
愈久，其颜色由浅而深，逐渐变成深红
色间带黑纹，给人以古朴典雅的美感，
尤为珍贵。纹理上，大红酸枝也呈现出

八宝多用柜

丰富多样的样式。不论是黄花梨的"鬼脸",还是紫檀的"牛毛纹",还是黑黄檀、乌木的条纹,在大红酸枝中都可以找到类似的纹理,各种纹理富于变幻,灵动纤巧,大自然的鬼斧神工令人叫绝。由于其产地的地质特点,大红酸枝成长土壤里有含有丰富的铁矿质,一经雨水浸泡及氧化作用会产生丰富的油脂。诸多因素,致使大红酸枝最终形成它丰富的色泽、纹理和柔韧、刚硬、坚韧的特性。

天遗瑰宝,大红酸枝拥有五彩斑斓的俏色,灵动纤巧的纹理,这是上天的恩赐,再加上温润如玉的木质,让大红酸枝一举成为红木家族中,自然形木雕表现最优的材质。与天下闻名的寿山石雕相同的是,大红酸枝木雕同样是一种介于用色和造形艺术之间的独特雕刻门类,造型艺术不只表现雕刻工艺,更重要的是表现在构思时的组织能力与想象。"随色赋形"与"借色入境"的巧雕技法在大红酸枝木雕中体现得淋漓尽致,比如作品《鸟》,借助木材中红、黑两色的巧妙相间,及丰富多彩的局部纹理的组合,巧妙地把一只麻

雀的羽毛及头部表情传神地刻画出来,麻雀眼部,短促的黑色纹理,不需雕琢,即起到画龙点睛的作用,趣中见妙之笔,触色生情,情境相生,实现圆融的艺术境界。

大红酸枝木雕的另一大特点,体现在一木一器,一木一孤品上,这是黄花梨、紫檀等材质是无法实现的。大红酸枝拥更大块的材质,例如六合院近期倾心筹备的作品《中国梦》,即是用高 5 米,直径2.2 米的大红酸枝打造而成,这种先天的优势,是黄花梨、紫檀这些木材无法企及的。同时,大红酸枝也拥有着比黄花梨、紫檀更富于变化的材质形式。俗话说"十檀九空",其实大红酸枝也不例外。几乎所有的材质都是空心、空洞,不规则的外表变化,树的病变,所产生的结瘤、虫咬等树病理所产生的各种各样的自然形态,令人拍案叫绝。此外,大红酸枝中,还有着空、裂变及奇形怪状的原材,这些材料如同卓越的玉石原料、籽料一样,都是可遇不可求的上等雕刻原料。针对这些原材料的不同特点,空的部分则来个空雕,薄的部分则进行浅薄意雕,古怪的部分则通

红酸枝松鹤延年办公桌套件

过奇妙构思，来个以形造势，局部点缀，主题方面就根据材料自身的条件来定，巧借天然，量身定制，一木一器，让作品的身姿凸显得更加活灵活现。

三、大红酸枝木雕的收藏价值

典雅的酸香、高贵的枣红、细腻的材质，让大红酸枝一跃成为当今最受人关注的红木材质。特别是2013年6月份，《濒危野生动植物种国际贸易公约》（简称 CITES 公约）将交趾黄檀（老挝大红酸枝）、微凹黄檀（南美大红酸枝）列为属于限制进出口的濒危树种，须有"进出口许可证或再出口证明书"方可进行贸易，一夜之间大红酸枝的行情大涨，比 2012 年的价格翻了近一番，目前上好的工艺料竟超过 20 万元一吨，大大地缩近了与黄花梨、紫檀间的价值。可以预见的是，这种升温的态势，还会持续不断地沿续下去。大红酸枝被众多业界人士看好，已然成为当前极具升值潜力的投资热点。

大红酸枝原材料的上涨，带动着大红酸枝木雕收藏行情的提升。由于大红酸枝木雕作为收藏品的历史并不悠久，目前收藏市场上，存世的精品极少，因此一些精品尤受藏家的青睐。目前国内一些顶级的国际拍卖公司，如嘉德拍卖，保利拍卖都已将目标瞄准这个领域，一些名家的拍卖价格近逾百万，引起收藏界的广泛关注。

大红酸枝木雕为何受到藏家的青睐，其收藏价值究竟何在？首先，因其特殊的材质。"百年黄花梨，千年大红酸枝"，黄花梨和紫檀的寿命大概在五六百年左右，而大红酸枝却可以超过一千五百年。黄花梨差不多三十年就可以成材，要长成和黄花梨同等口径的心材，大红酸枝

至少需要两百年的时间。只有生命沉淀得越久远，才能越体现出它的成熟。正是个特点，让大红酸枝更能与大自然和谐兼容，共处千年，也就使得大红酸枝拥有比黄花梨和紫檀这些名贵木更长的寿命，并且与之相比，在木性上也更胜一筹。

其次，大红酸枝木雕工艺讲究，雕刻技法丰富，技术含量高。大红酸枝木雕传承了莆仙一带传统的雕刻精髓，融圆雕、镂雕、浮雕等各种技法，强调精雕细刻，镂雕剔刻，刀法精准，形态传神，具有很强的艺术感染力。在此之外，大红酸枝木雕巧妙的利用其自身的特点，善用俏色、借色的艺术表现形式，虚实相生，表现出艺术的天然纯趣，形成一种更富于含蓄美、想象美、回味美的艺术表现形态，相比于其他材质的木雕作品，自然更具有艺术收藏价值。

大红酸枝木雕华丽典雅，堪称"木中寿山石"，材质珍贵，雕工精美，是极具观赏性和收藏性的佳品。随着大红酸枝市场的升温，大红酸枝木雕，尤其是

当代名家的作品，将会受到越来越多藏家的青睐。大红酸枝木雕收藏前景看好，但在收藏与投资时，不宜盲目，一定要把好关。第一，要注重木雕作品的艺术性，粗制滥造的大红酸枝木雕，既无鉴赏价值，又无升值空间，不宜收藏。第二，尽量收集名家作品，目前收藏市场鱼目混杂，良莠不齐，名家作品的收藏价值和经济价值高，可确保投资不贬值。第三，要善于识别真伪，特别是大红酸枝材质和年代的鉴别，目前市场上有出现涂沫包浆、作旧，及在作品上仿刻名人落款等情况，对此要仔细识别，切忌轻率大意，避免造成不必要的损失。

《中国梦·九州腾飞》

——千年大红酸枝自然形木雕作品创作谈

自党的十八大以来，"中国梦"无疑是全国各领域内最热门的话题。习近平总书记在两会期间提出"实现中华民族伟大复兴的中国梦"的倡导，进一步激励全国人民为实现中国梦而努力奋斗，汇聚追梦圆梦正能量。一个民族的复兴，不仅仅要靠经济的发展，更需要有灵魂来支撑，而这个灵魂即是文化。中国的文化、我们中国的审美思想，包括我们中国人所创作的当代艺术，都应该成为中国梦的一部分，中国梦囊括了中国民族所有艺术的复兴。

对莆田工艺美术界来说，做大做强莆田工艺美术产业，便是大家共同追求的"中国梦"。在木雕艺术渐缺创造性的困局下，莆田工艺美术界致力提升产业研发水平，促进产业集聚发展，为此当地规划筹建海西文化创意产业园区，努力发展创意产业。"中国梦"是浪漫的、宏大的，也是具体的。梦想成真则需要付出坚韧不拔的努力。在百家争鸣的工艺美术界纷纷为祖国献礼的时刻，六合院人也交出了属于自己的一份满意的答卷，助力"中国梦"。

每个人、每个民族、每个国家都有自己的梦想，有些梦想只是一种潜意识的模糊的意象，有些只是只言片语的零散的思想，有些止步于凌乱惨淡的尝试。而梦想只有成为一种清晰的思想意识和坚定的理想信念，才能走上向现实转化的道路。假如每个人都有梦的话，那阅木者该是最能直观体验到所谓"美梦"的滋味了。当阅木者寻到一株想象都无法企及的珍木时，当这样一株珍木通过自身修作成为一件具有时代意义的珍品的时候，难道没有让人有如在梦中的感觉吗？而稍加试想，这几千里的寻木、阅木，走的是什么路，乘的是什么车。这种交通和行动的便利性在国力羸弱的时候是没有可能的。而阅木者将精美的作品在世人面前展示，向世界发布，这样对美的欣赏心境在动乱贫穷之时也是无法存在的。"中国梦"离不开我们个人的梦想，是我们个人的梦成长的条件和土壤。个人梦想的实现离不开"中国梦"的土壤，13亿同胞的个人梦想共同构成伟大的"中国梦"。

艺术的精髓在于其深蕴的人文关怀。我在早年创立六合院艺术家居公司时，便将"圆缘六合"作为事业的夙愿，而"中国梦"的提出，更加坚定了我为红木界发展助力献礼的心意。数十挑一的选材，

《中国梦·九州腾飞》龙头细节 雕刻

十余名木雕艺术大师及名匠的聚集,三年寒暑的交替,浮雕、圆雕和立体镂空雕多种工艺手法的交融,终成此鸿篇巨著。《中国梦 · 九州腾飞》—千年大红酸枝自然形木雕无双巨作"高逾 5.6 米,直径达 2.2 米,气势之恢宏,令人叹为观止。作品以一棵姊妹合体的千年大红酸枝为材,象征长江、黄河两条母亲河泽惠华夏苍生。一柱擎天,树干上的九个树瘤幻化成五爪九龙,龙本为神圣尊贵象征,五爪更指帝王专属,"九"又为至尊之数,至尊至祥,更喻寓着九州子孙积极进取、刚健有为的精神面貌;顶部为一锻铜制的立体太极球,象征着中华文化的根源。阴阳相错,富有立体感,而阴雕的荷花元素,则寄寓着"世界和平"的良好愿望。底座的五十六朵祥云交融,谱写出中华民族"渊源共生,和谐共融"的不朽篇章。雕刻的技法,特别体现出龙的刚健,有强硕须髯,颔下有明珠,喉下有逆鳞,可闻其声,如戛铜盘,栩栩如生。其中包含的红木文化与木雕技艺更是博大精深。

七分天然,木雕设计的重点在于以木为本,对于红木雕刻而言,红木的材质是创作的起点,也是创作的归宿,一切的创作活动都是围绕着木材本身去实现的。所有的创作在没有表现出来之前均只是一种想象。一件作品是否完美,想象构思这一个过程最为关键,很多时候这种思考所花费的精力和心神,甚至比雕刻的过程更加漫长艰辛。国力的与日强盛,民族的繁荣富强,中国梦的伟大构想,再加上六合院人的酝酿已久,《中国梦 · 九州腾飞》无双巨作乃成。审材最能体现出创作者的艺术修为。对原木的观察欣赏,以木料外形、木纹特征进行联想,将木料的缺点变成优点,然后出无双之作。化九瘤幻成九龙,以纹理为祥云,有精雕细刻,有大胆留白,无不体现着创作者对木性的感悟。在艺术性的表现过程中,精神的内涵往往技巧的处理,甚至不在乎技巧,这正是古人所谓"大智若愚,大巧若拙"。看似简单,其实更是高难的创作。艺术的探索,红木的热爱,中国梦的追寻,此等强烈情感的倾注,三年寒暑的交替,终有此作品之面世。

《中国梦·九州腾飞》 长城细节 雕刻

三分人工,木雕技艺来自工艺师们不断实践总结,在师承"仙作"技艺的基础上不断摸索、创新。此作品聚焦了庄南鹏、佘国平、李得浓、郑国明四位中国工艺美术大师、两名地市级工艺美术大师进行设计与创作,并联合当地十余名经验丰富的工匠共同执行。如此高规模的创作阵营,在国内尚属首例。《中国梦·九州腾飞》交融使用浮雕、圆雕和立体镂空雕工艺手法精心打造,用以浮雕技法,以底版为衬托,突出所雕刻

艺术品的属性,也体现在树瘤的圆雕化龙处理,浮雕和透雕的应用也使得作品达到空灵剔透、玲珑精巧、雅致美观的艺术鉴赏效果,产生感人效应。红木雕刻素有"七分自然,三分人工"的创作原则,原材的资质虽为作品增色,但精妙的技艺也是不可获缺的。结合原材和立意,充分合理地采用各种雕刻技巧,经过深思熟虑的创作立意之后,雕刻制作的技巧显得十分重要,不仅表现了创作人技巧熟练与否,也体现了起创作思

维的高低之分。处理的意图以及表现手法又与作品表达的内容分不开。九州腾飞的创作意识加之娴熟应用的雕刻手法，正是"粗木细工"的体现，技术精到者常化腐朽为神奇，遇以良材，更至为传奇。六合院人对"仙作"的传承，对雕刻技巧的不懈追求，正是"化木成龙"的点睛之笔。

我始终相信一件艺术品的诞生往往能将创作者的真实情感表现出来，欣赏者可以从不同的角度，不同的时间去感受到事物表现在同一件作品之上，同时又可以根据他们的心愿来凸显表现某些部分，发挥着创作者的想象力和创造性。遵循自然真实性的同时，结合自身所怀情感加以大胆主观的处理，正是创作者所追的发展创新之路。经艺术家的创作，

使自然美升华为艺术美。红木雕刻艺术的作品最大限度表现了自然与创意之美，健康的自然与创意之美也表现了时代精神之美。这是雕塑艺术所追求的崇高境界，同样渗透着艺术家和观赏者的智慧、情感、思想和崇高精神。笔者相信，立足传统，致力创新，紧跟时代精神，才是红木雕刻艺术的正途，也是六合院人永远追寻的目标。

谨以《中国梦 · 九州腾飞》作品献礼中华民族伟大复兴的"中国梦"！

满雕云龙至尊顶箱柜成对

帝王气概，尊贵天成

——大红酸枝雕云龙纹至尊大顶箱柜落成记

故宫博物院中现存的明清家具总数量多达上万件，床榻、椅凳、桌案、柜架、屏风等一应俱全。在所有的明清宫廷家具中，形体最高大的，即是一对在坤宁宫内陈设的花梨木龙纹至尊大顶箱柜，其气度之雍容，令观者无不拍案叫绝。

顶箱柜通常由立柜和顶箱各两件组成，共计四件，因此也被称为"四件柜"。而此对柜子，底柜上装三层顶箱，为组合方便，每层顶箱由两个并排拼合而成，加上底端的立柜，每柜竟由七件组成。底柜高 2.23 米，顶箱每层近 1 米，合计总高度达 5.18 米，最上层顶箱紧贴屋顶天花板，蔚为大观。

提起此对雕云龙纹至尊大顶箱柜，还有这么一个出处，坤宁宫原先陈列的是一对黑漆地堆灰罩金云龙柜，由于年代久远，龙柜黑漆剥落，乾隆皇帝亲下

旨诏，制作了这对顶箱柜。据《清宫造办处活计库各作成做活计清档》记载：

"正月初三日，太监高玉传旨，坤宁宫丹墀下东西两边各盖板房三间，坤宁宫殿内隔断板墙门，往南分中开，西山墙柱上，用木板补平，下砌坎墙，祖宗口袋挪于天花板分中安挂，其挪移日期，于三月内敬神后，请旨收拾。南北安设之大柜，照样做花梨木雕龙柜一对，弓箱亦照样做花梨木雕龙弓箱一座。要与炕取齐。其柜与弓箱外围碎小花纹不必雕作，钦此。于本月二十八日司库白世秀将做得大柜小样、小顶柜木样六件、弓箱木样一件、面叶合扇纸样两张，并除派官员人名折片一件，物料钱粮折片一件，俱持进交太监高玉等呈览。奉旨，大柜门上立龙并小柜旁边上立龙，俱要头朝上。其弓箱门上龙照样准做。上头

毗帽如意云头俱放高些，不要直的。按如意云形象做，动违办处钱粮成造。钦此。于本年二月十五日司库白世秀来说，太监高玉等传旨，将现做坤宁宫花梨木柜得时换出黑漆柜。漆完时再安在坤宁宫东暖阁，钦此……。于本年四月初四日太监高玉传旨，要将做得坤宁宫花梨木柜门并铜饰件持进交太监高玉呈览。本年九月二十七日，催总王十八将做得花梨木大柜一对，随钥匙袋锁钥持进安讫。于本年九月二十八日，太监高玉传旨，将坤宁宫持出黑漆弓箱着交器皿库收贮，钦此。"

从记载中可见，此对顶箱柜从下旨奉造到最后完工，中间经过设计图样、制作小样、屡经呈览等等诸道程序，前后竟历时 9 个月之久，可谓匠心巨作。从乾隆七年九月二十七日安放之日算起，至今二百七十多年的光阴里，这对柜子静静地陈列在这里，静穆沉古，任历史沧桑变换，它却从不曾改变。

我在上个世纪九十年代初曾经游访故宫，巍峨雄伟的皇家建筑，琳琅满目的器物杂陈，凝聚华夏文明精髓的非凡气韵，都深深触动着我的心灵。品物之中，最让人感到震撼的，莫过于陈列于坤宁宫的这对雕云龙纹至尊大顶箱柜。由于坤宁宫在故宫诸宫院中的尊贵地位，其所选的家具尊贵性自不须赘言，与其他造型精美、装饰华丽的宫廷家具相比，此对雕云龙纹至尊大顶箱柜在气势上完全胜出。

从目濡此对雕云龙纹至尊大顶箱柜，再到创办六合院古典家具有限公司，中间经历了近二十年的光景。二十年来，每与友人聊起明清古典家具，特别是柜架类家具时，脑海里总是会不自觉地浮动出此对顶箱柜的影子，它已然成为我挥之不去的情愫。创办六合院后，我潜心求索此对顶箱柜的设计图，希望能以 1:1 的比例真实复制，让广大古典家具爱好者在六合院，也能瞻仰到它的高贵与典雅。皇天不负有心人，在一位故宫博物院专家的鼎力协助下，我在 2011 年终于凤愿得偿地获得它的设计原图稿。

"工欲善其事，必先利其器"，图纸

满雕云龙至尊顶箱柜成对 细节

的问题解决了，紧接面临的问题是如何选材。顶箱柜形体庞大，在用料上极其讲究，须用匹配得上的大料，其次是考究木材本身的自然纹理与质感。而此对雕云龙纹大顶箱柜竟高达 5.2 米，在选料上的难度不言而喻。清朝皇室喜用的紫檀木，由于口径小的天生缺憾，无法成为此柜的上佳选材，这也就是为什么如坤宁宫这般显赫的宫院，家具用材不遴选更昂贵的紫檀木，而破天荒地选用花梨木的缘由。

选材的思考上，并未花费太多的时间，我和开发部的同事一致认定大红酸枝是首选之材。大红酸枝是近年来最具投资价值的红木材料，其尊贵的程度，比坤宁宫原版顶箱柜选用的花梨木更胜一筹。更可贵的是，大红酸枝在木性上的表现绝世无双，甚至要强于黄花梨与紫檀。大红酸枝的纹理变化多样，富含韵味，颜色肃穆典雅，变化万千，油脂度好，木材结构稳定，这是它在原始森林中，经历风雨和各种自然因素，加之自身高贵生长特质而形成的。在普通的木材中，如此大的板料很易见到，而大红酸枝却不然，"百年黄花梨，千年大红酸枝"，能制作这种顶箱柜的材料，必定经历数百年乃至千年的生命沉淀。虽然此柜的柜面非由独板构成，但拼板的大红酸枝纹理对称优美，似层峦叠嶂，使人赏心悦目，更有一种返璞归真的审美妙趣。

确定好这些因素后，二〇一二年十月，雕云龙纹至尊大顶箱柜复制工作正式立项，开发部组织了八名资深的老师傅，按照图纸 1:1 的比例精心打磨雕制。经过九个月的漫长等待，大红酸枝雕云龙纹至尊大顶箱柜终于闪耀登场。巧合的是，从立项到落成，与坤宁宫"原版"花费时间几乎相同，一切仿佛是冥冥之中的定数。

完工后的顶箱柜用料壮硕，造型厚重，长 1.92 米，宽 0.81 米，通高 5.18 米，真实地再现了坤宁宫大顶箱柜的磅礴气势。据统计，此对柜子总共用了 12 吨重的大红酸枝，其中最长的一棵木材竟逾五米长。如此厚实的用料，使得顶箱柜看上去十分霸气十足，尊贵气息不彰自显。由于制作的地点与展厅有一定距离，物流上也煞费功夫，由于柜体巨大，不得不出动了吊机来运输。顶箱柜的雍容大气与端庄沉稳，让人隐隐感到一种帝王风范在身边弥漫，引人深思，究竟是哪些因素形成了此柜卓越不凡的气质？

此对大顶箱柜六柜一门，二十八扇门板及柜身两侧均铲地高浮雕云龙纹及海水江崖图案。波涛之上，浮云之间，云龙辗转腾挪，气宇轩昂，龙爪张弩，矫健非凡。而两扇门板双龙保持一致又成顾盼之势，极为生动活泼，酣畅淋漓的意态，极尽清朝宫廷家具富贵华丽，率真超然的神韵。柜面雕饰精美，龙头饱满、双角遒劲，须发飞扬、身躯婉转、龙爪张弩，刀痕如行云流水般流畅，不仅可以看出工匠们高超的艺术水平，更可看出他们对作品雕琢的精益求精。

柜门装饰铜件，雕刻双龙戏珠的图案，采用半公分厚的铜板錾刻而成。吊牌上则饰有清朝中晚期宫廷喜用的夔凤纹，合页的做工和纹饰也与正中铜面页一样，只是尺寸略小。四足则饰铜套足，錾刻云龙纹图案。铜套足作用有二，一是用以保护四腿不致因挪动而伤及木料，二则是为了避免地面起水而遭浸蚀。细细品赏，顶箱柜精致的铜活，仿佛是一幅水墨写意中的几处工笔点缀，在超然洒脱的意境中，又融入了些许细腻柔情。

站立在这对大顶箱柜面前，扑面而来的，是九五至尊的气魄。此时此刻，任你身份有多显赫，都需谦虚仰首，才能窥见其全貌。那构图饱满，布局宏大的设计风格，典雅细腻，巧夺天工的传统工艺，闪耀着红黑相间的酸枝纹理，及其凝聚着的先人的智慧与精髓，都会让人由衷地发出感赞：美哉大顶箱柜！

代代相传皇宫椅

"代代相传，国色芬芳；凤凰鸣兮，福祚孔章；中华承运，被泽无疆。"

——代代相传皇宫椅铭文

民国四年（公元 1915 年）二月二十日，美国旧金山宝石大厦内人头攒动。举世闻名的巴拿马万国博览会在这里隆重召开。来自 30 多个国家的 20 多万件展品分别在 11 个展馆展出，当中最受世人瞩目的，当属中国的工艺馆。为了一睹东方艺术魅力，人们争先恐后地拥入馆，感受着工艺巨匠廖熙作品《代代相传皇宫椅》的极致魅力。"观者驻足，美评时闻，感啧啧称赞"，《代代相传皇宫椅》，无可争议地摘获了展会的金奖。这是中国第一次在国际舞台上展现古典家具艺术的极致魅力。

一百年后的今天，由廖熙创立的"仙作"流派成为当今全国影响力最大的古典家具流派。为了重述这段传奇经历，廖氏工艺传承人、艺术泰斗庄南鹏大师受"仙作"流派之托，根据祖辈流传的工艺、史料的记载及个人的艺术灵感，还原了《代代相传皇宫椅》的设计图纸。作品在国家知识产权局备案，获得外观设计专利证书。同时，每件作品都植入芯片，使其获得唯一的专属识别码，拥有独立的身份识别标志，实现产品的质量全程可追溯。通过一系列扎实的举措，使湮灭百年的古典家具瑰宝，再次展现于世人面前。

型之美——天圆地方 · 深邃哲思

"天圆地方"是中国传统文化中最朴素的宇宙观与价值观，它不仅深深影响了中国传统建筑风格，同时也完美地融入古典家具的设计之中。

代代相传皇宫椅体现了方与圆的完美交融，以圆为主旋律，代表和谐，象征圆满幸福。方是稳健，宁静致远，刚健上进，完美地体现了中国儒家传统理念。

艺之美——精雕细缕 · 气韵雍容

此套皇宫椅结合透雕与浮雕的传统雕刻手法，雕缕砌珠，华丽繁饰。靠背板攒框做成，上部开光透雕牡丹纹，中部镶实板，下部雕壶门亮脚，两侧上下均饰以透雕牡丹角牙，富有韵律。尤可

联帮棍

靠背板

椅圈

称道的是，扶手的牡丹图案构思严谨，一木连挖，纯手工镂空雕刻而成，不留一丝拖沓。作品雕刻精细，架构巧妙，线条优美，沉稳端庄，尊贵奢华，堪称古典家具中的巅峰之作！

材之美——两朝贡木 · 千年酸枝

红木的厚重和灵动都完美诠释着古典情怀和现代理念，而木材材质的鉴定，则是多角度的。此套皇宫椅遴选明清三大贡木之一的大红酸枝为原料，由独板一木连作，一气呵成，王者风范不彰自显。

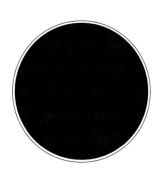

韵之美——花开富贵 · 代代相传

牡丹造型整体圆润，线条流畅多变，花朵繁复华丽，层次丰富；花瓣曲卷，富有弹性；叶脉旋转翻滚，富有动感，总体结构舒展而流畅，饱满而华丽，生机勃勃，象征着中华民族的国运昌隆，象征着艺术传承生生不息，寄寓着"代代相传"的良好愿望。

悠悠中华，传世臻品；集古韵今，代代相传。中华民族伟大复兴，增益了中国文化的世界认同。路漫漫其修远兮，吾将上下而求索。回溯百年传奇，延续艺术经典，代代相传皇宫椅，将承载着中国古典家具的光荣与梦想，在新时代里续写更加辉煌的传奇篇章。

平步青云平头案

此案为清末民初最具影响力的木雕世家——"廖家座"的经典之作，亦是一代工艺巨匠廖熙早期的作品。

据载，莆阳有一名儒叫江春霖，世居萩芦梅阳，为当地显赫豪族。其厝里堂厅的供案由于年久失修的缘故几近损毁，因此重金聘请"廖家座"量身订作一张。传统家居布局中，中堂布局最为讲究，是一个家族身份的象征。而作为中堂格局中重要环节，平头案的价值可想而知。

江春霖 书法

年轻的廖熙与江春霖基于对传统家居文化的理念契合，结下了深厚友谊，共同创作出此件经典之作。当时江春霖已年近四旬，前年赴京赶考未就，恰逢平头案完工，以"穷且益坚，不坠青云之志"（出自王勃《滕王阁序》）之意，将此案命名为"平步青云"，寄托其励志笃学，不甘落后的精神。平头案落成后次年，江春霖不负众望地考中进士，授翰林院检讨。又过十年，在选拔都察院御史的考试中，江春霖名列第一，授都察院御史，在仕途上可谓"平步青云"。

最终，江春霖以"晚清第一御史"的声誉而传世千古。

遗憾的是，此套平头案在文革十年浩劫中被完全毁坏。为了复原"廖家座"经典艺术，追溯仙作艺术源头，中国木雕艺术领域两位泰斗级人物——庄南鹏大师、郑国明大师在实地考察的基础上，结合现代家居陈设的思考，在多次进行形制和工艺调整的基础上，终于复原了此套"廖家座"经典力作——平步青云平头案。

锦上添花花架

《锦上添花》牡丹花细节雕刻

此花架最早记载于《清宫内务府造办处活计档》中，为时任造办处木作司匠的一代名匠——廖熙所监制。史料记载，光绪年间，德宗皇帝以此对花架亲赐当时还在翰林院任职的名臣江春霖。内务府造办处档案中，流于民间的木作仅此一例，此对花架因此也就显得弥足珍贵。

光绪三十年（1904 年），时值晚清末年，朝政腐败，外强入侵，内忧外患。光绪帝有心革除弊政、变法图强，却无力实施，终日郁郁寡欢。慈禧太后的七十寿辰，清政府谕令各地进贡寿礼，各地进献珍宝无数，铺张奢侈，光绪帝深恨之。一日，福建所贡品的特产水仙花在内务府入库时，恰好被在散步中的光绪帝所见。光绪帝见水仙花的清秀高洁，颇为所感，于是召集翰林院里的学士们来为其赋诗。众翰林争相阿谀谄媚其花之美，光绪帝皆不满意。正待光绪帝挥手要离去时，一声洪亮的声音从人群中传出：

"雪貌冰姿冷不禁，早将白水自明心。任教移向金盆里，半点尘埃未许侵。"

此诗不仅描述了水仙清秀之形，同时突出水仙幽雅、高洁的品质，更借咏水仙来言志，其高度远胜于其他翰林的诗作。光绪帝大喜，问咏者何人？原来是任职翰林院检讨的江春霖。史载江春霖不仅性格耿直，而且为人光明磊落，不媚流俗。同为翰林院庶吉士的胡思敬如此评价江春霖："春霖刚直使气，好饮酒，饮数斗不醉。酒半辄掀髯指骂王公，闻者咋舌"。

光绪帝对江春霖的才气和正直的秉性深为赞许。当时朝政腐败，急需有识、有志之士整饬吏制，重正朝纲。恰逢朝廷正选拔都察院御史人选，光绪帝便授意其考取。江春霖是一个大器晚成之人，年近四旬才考上进士，光绪帝于是将造办处木作司匠廖熙所监制的花架一对赠予，并取"锦上添花"之名，寄托了对江春霖再接再励、为生民请命的厚望。果然，在选拔都察院御史的考试中，江春霖不负重望，成绩名列第一，授都察院御史。江春霖在担任御史期间，访察吏治，不避权贵。前后六年，封奏六十多起，与庆亲王、袁世凯、徐世昌、孙宝琦等权贵抗争，声震朝野，被后人誉为"晚清第一御史"。

此对花架现已佚失，不见记载。为复原廖家座艺术魅力，我与我的团队以"锦上添花"之名进行创意，多次进行形制和工艺上的调整，完成了此套《锦上添花花架》的创作。此作与当下社会关注的反腐倡廉等问题契合，具有极其深远的寓意。

畅和大议事桌套件

　　古代政务议事及家族议事的场所，多选在中轴线建筑的方形厅堂的正中央，俗称"中堂"。追溯其源，普遍的说法是中堂起于北宋，亦有一说起于唐。唐、宋置政事堂于中书省内，为宰相处理政务之处，中堂以厅的中轴线为基准，板壁前放长条案，条案前是一张八仙方桌，左右两边配较高贵的太师椅。离太师椅一米开外，两侧再添置扶手椅，一直延展到近天井处，整体采用成组成套的对称方式摆放，体现出庄重高贵的气派，同时也体现出对礼教的遵循。

　　我小时候在农村长大，在村里的祠堂旁就有这么一处议事厅，村里的长辈们遇到一些重大事情时，总会聚集在那里商讨如何处置事宜，这或许是中国最传统的会议制度。整体建筑和陈设的平衡性，会议氛围的肃穆性，给年幼的我留下了难忘的印象。后来离开村子，上了大学，越来越沉迷于中国传统文化的精深造化，再到后来创办了六合院古典艺术家具，年纪渐长，而从小耳濡目染的朴素的乡村习俗却始终在我脑袋里沉淀抹之不去。

创办企业十余年来，公司内部高层的会议一直在明亮、简约的现代会议室中进行，有时总会莫名地想起小时候在乡村议事厅里的所见所感，一种莫名的情愫滋生。乡村的中堂，严格意义上也是作为一种会议室的存在，但两侧只陈设座椅，少了会议桌的存在，在纪录会议材料时便会引起诸多不便。我常思索，如果用古典家具的方式做出一套会议桌，会是什么样子？也是起于一时的激情，让开发部的同事规划出这套议事桌的草图，经过长达一年的筹备，终于将议事桌套件付诸了实际，圆了多年来的夙愿。

议事桌通体由大红酸枝构成，一共由二十二张太师椅及一张长达八米、宽一米五的会议桌构成，据我所知，目前在国内像这样的大议事桌套件尚属首套。值得一提的是，会议桌的面板只由两块大红酸枝板构成，在用材上极为奢侈，但能完成一个好作品还是非常值得的。会议桌头尾各置一张太师椅，围绕长桌，两旁更陈置两排，每排五张座椅。太师椅以宝座为基础，扶手、靠背处直挺，意在让参会者都能摆正坐姿，不致困眠。而搭脑处做成卷书式，提高了整把坐椅的舒适度。议事桌完成后，置于企业总部一楼东厢厅，此后我们企业内部的重要会议就转移至此，召开许多重要的会议。

2013年年初，九赋轩主人陈章汉先生莅临六合院参观，见到此套议室桌后，赞叹不已。章汉先生长期以来担任福建省作协副主席，福州市文联主席和市书协主席要职，创作了《闽都赋》、《莆商宣言》等众多脍炙人口的赋作，是福建传统文化的领军人物。我突然想起此套大议事桌尚未命名，借此机缘即向章汉先生请教。章汉先生不加沉思，脱口道出"畅和"二字,满座皆感妙哉。"畅和"二字缘于东晋王羲之《兰亭序集》中"天朗气清,惠风和畅"二句,历来视为气韵疏朗的景致。以"畅和"为名,不禁让人追忆起魏晋期间的名士风骨。会稽山水清幽、风景秀丽。名士、士大夫游历于此,谈玄论道,品赏文化,这与红木文化的深幽意境,以及会议言论自由,随心畅谈的思想主旨不正是一致的吗?而太师椅上浮雕的博古纹,亦与"畅和"的主旨相得益彰,相趣盎然。

此套议事桌目前仍藏于六合院,得力于它的文化寓意,一度成为六合院最为热销的家具品类之一。目前关于畅和大议事桌的产品系列开发已在进行中,相信在不久的将来会有更多,更优秀的产品将出现在市场和消费者面前。

山水楼阁卷书搭脑沙发十三件套

造型：浑厚朴拙 气度凝重

此山水楼阁卷书搭脑沙发十三件套，由四张单人位、一张三人位、一张大茶几、一对小茶几、一对花架、一对方凳及一张炕几组成。套件整体占地面积为：长3.5米，宽3.5米，可谓体量宽绰，气势宏阔！

椅面用料整齐，选取一整根木材制

作而成，异常厚实。搭脑采用卷书式，即雕刻成一本往后翻卷的书籍样式，是红木家具中的经典形制。搭脑下的靠背板攒框嵌板，分为三段。靠背板侧沿及扶手围子内以短材攒成拐子纹，其余部分透空，凹凸有致，显现出层次感，使得座椅空灵而不显笨重。为了进一步体现套件的厚重感，沙发扶手处不惜费料，以一块大料做成，保证了其连贯的纹理与色泽。椅面下起束腰、拖腮，腿足部采用三弯腿形制，外翻卷足，足上衬珠，用料粗实。从力学角度来看，这种造型具备了加固、支撑的实用功能，同时又起到了点缀美化的作用。三弯腿弯曲度比较大，对木材的要求甚高，大红酸枝木性稳定，具有很强的韧性，正是制作三弯腿的首选之材。设计团队对三弯腿的弧度进行了反复、严格的调试，充分考虑到结构的科学性和视觉的协调性，使得此处圆浑流畅，也带动沙发整体造型流畅、舒展，富有动感。

比例：匀称协调 堪称完美

红木家具形体比例的完美度，决定了一件家具的视觉感受。比例不协调会导致红木家具形体走形和失真，当真是差之毫厘谬以千里。因此，匀称协调的比例，直接影响古典家具的艺术价值和收藏价值。

此套件造型显得异常厚重，总体尺寸较一般沙发家具要宽大，相应地，部件用料也随之加大。套件以各种榫卯结构的镶嵌方式实现了家具部件的完美结合，因此每个部件的长宽、大小皆系统相连。经过不断的打样与调整，在实践过程中，设计团队对此套件的局部尺寸进行了多番的调整。为了协调比例的科学性，特意在扶手、靠背板及腿足处加大份量，以打造整体造型的黄金比例。家具落成后，整体的长、宽和高，整体与局部，局部与局部的尺寸比例都非常完美，给人庄严、浑厚与豪华的视觉感觉，使其真正成为一款成熟的经典之作！

装饰：雕饰精细 雍容典雅

此套件在保留明式家具厚拙质朴特征的同时，也融入了清式家具雕琢精细的特色，显现出雍容典雅的艺术魅力。

靠背板分三段攒框装板而成，上部为浮雕缠枝莲纹，中部则浮雕山水楼阁图案，构成了此套件的主题与核心画面。山水楼阁是明清古典家具中常见的雕饰图案，而此套件的图案，则是六合院设计团队原创，并通过多轮的修改与调整而成，在设计过程中更是得到中国工艺美术界泰斗——庄南鹏大师的亲自指点。细观之，远山如黛，青松苍劲，阡陌交通，一派恬淡自得的景象。流水曲觞，亭台楼阁，在雕刻工艺师的刀下栩栩如生，流露出一种高士隐逸的情怀。下部亦是浮雕缠枝莲纹，与上部形成呼应。在扶手正面，浮雕元宝图案，更显衬此家具的富贵之气，细节见微，设计团队的用心程度可见一斑。

其下束腰上简单浮饰拐子纹，与其腿足间的牙板相一致。牙板正中浮雕传统寓意纹样——蝙蝠纹，借喻福气和幸福之意，构图简洁大方的同时又突出视觉的焦点，加强此套件的视觉平衡感。

作品从设计、开料、烘干、开榫、雕刻、刮磨、磨光再到组装，整整历时半年有余，再经过一年多反复的调试与修改，臻于完善，一套浓浓墨韵，悠悠芳华的《山水楼阁卷书搭脑沙发十三件套》横空面世！作品融汇了苏作家具文绮妍秀的情调与广作家具厚重豪迈的风格，汲取南北区域的家具工艺精华，形成了仙作家具独特的艺术魅力与文化底蕴，堪称仙作家具的圭臬之作。那构图饱满，布局宏大的设计风格，典雅细腻，巧夺天工的传统工艺，闪耀着红黑相间的酸枝纹理，及其凝聚着的设计师的智慧与精髓，都会让人由衷地发出赞叹！

三屏曲尺罗汉床

综观当代古典家具，可见到的卧具不外乎这几种，架子床，高低床，拔步床，榻，还有一种就是罗汉床。榻和拔步床因为时代的沿承，目前已不多见，罗汉床是一种较为常见的家具类型。架子床和高低床一般用于睡眠，不用来接待客人，而罗汉床却很特别，一般用于厅室待客。目前仙游生产的红木家具的沙发套件中，由罗汉床做为主座，占据一半左右的比例构成。追溯根源，可以探究到汉朝以前，国人席地

而坐的起居方式，罗汉床保存了中国人非常原始的起居习惯，同时也体现了中国人朴素的待客等级观。

明清以来，罗汉床流行于北方，在南方较少见到。"罗汉床"之名是北方工匠的通俗叫法，名称起源至今尚无令人信服的解释，有人推测与弥勒塌，或者寺院中罗汉像的台座有关。罗汉床出现的年代很早，在五代画家顾闳中的《韩熙载夜宴图》中，我们就可以看到达官贵人坐在罗汉床

上观看仕女歌舞的情景。总体而言，罗汉床可视为适应国人旧俗而保留的家具品种，相比于卧具的功能，罗汉床作为坐具的功能会更明显一些。罗汉床的形制实际上是在榻的基础上施加三面围子，左，右及靠后各一片，正中放一炕几，两边通常铺设坐褥、坐枕，放在厅堂待客，作用类似于现代的沙发。床身上的炕几，作用也类似于近代的茶几，既可用于手靠，又可放置杯盘茶具，相得益彰。

此套曲尺罗汉床是一件非常朴素的作品，曲尺纹是一种古老的锦字纹理，除了在古典家具上，还常见于建筑、织绵、陶瓷器等艺术品上。云冈石窟的北魏雕刻，崇兴寺双塔的辽代塔座栏板上均有曲尺纹理。此套罗汉床体现了早期的风格特点，用料厚重、通体朴素，稳重大方、坚固耐用，这与清代罗汉床的雕饰繁缛形成鲜明的对比。值得一提的是，此罗汉床的围子和床身全部由大红酸枝制成，从色泽和纹理上，均保持了家具整体视觉的一致性，特别是床身部位，由独板的大红酸枝材料构成，尤其难能可贵。此罗汉床硬板床面，床面下有束腰，腿足部分呈经典的鼓腿彭牙形制。面上三面围子，以镂空雕手法饰曲尺纹，此外周身无雕饰，形成上繁下简相得益彰的艺术美感，呈现出一种雄伟凝重的气势。

由于罗汉床兼具卧床和坐具的双重功能，其使用范围颇广，在卧室、厅堂与书房中陈设均可，充分彰显浓浓古韵。既可与客端坐其上，对弈品茗，亦可一人独卧，小憩闲眠，是一件融审美和实用于一体的臻品。同时，罗汉床也有非常高的收藏价值，收藏大家马未都先生曾言，近年来古典家具的拍卖实录中，床具的拍卖纪录都是罗汉床创下的。

透雕螭龙纹玫瑰椅

　　玫瑰椅是明、清家具中非常流行的一种扶手椅，它是所有椅具中尺寸最矮小的一种，一般由较为纤细的圆材构成靠背和扶手，附带侧脚。靠背和扶手都非常低矮，而造型整体轻巧美观，文气十足，让人直观地感觉是江南文人所用的椅具。

　　玫瑰椅在南北方的叫法迥异，江浙

一带通称为"文椅"，在清代笔记集《扬州画舫录》中还称为"鬼子椅"，而"玫瑰椅"则是北方人的通称。明清家具的椅子命名一向与形状和结构有关联，玫瑰椅在此中可谓异类，名称来源尚待考证。追溯玫瑰椅的起源，我们可以在宋代画作《十八学士图》《孟母教子图》、《围炉博古图》可见端倪，大抵是吸取了宋代以来，一种流行的扶手与靠背平齐的扶手椅并加以改良而成的。

由于整体尺寸小，靠背低，一般不高于窗台和桌沿，玫瑰常被人误解是一种次要的坐具。其实在《十八学士图》中，我们就已窥见其已用于高堂，上坐文人雅士。玫瑰椅的搭脑正当坐者后背，因此无法像圈椅和官帽

宋《十八学士图》

椅一样适宜头部倚靠和休憩。玫瑰椅通常适宜坐以写作、绘画等，是江南文人家居生活中必不可缺的雅致家具。

王世襄先生在《明式家具研究》中提出，玫瑰椅大抵有七种形制：独板围子、直棂圈子、冰绽纹围子、券口靠背、雕花靠背、攒靠背和通体透雕，本作即是通体透雕玫瑰椅的经典之作。此椅在搭脑、扶手及椅面上打槽，靠背板攒框嵌装而成。靠背板充分展示了清式家具中透雕艺术的极致之美，中部由卷草纹构成"寿"字纹理，而两旁则透雕螭龙三只，螭龙尾部交错，填满整个靠背板，熨贴成章，令人倍感蓬勃生机。扶手下安花牙条，扶手下截与靠背板下截，以一条横枨连接，下有圆形螭龙纹卡子花，精致而灵动，椅面以下装券口牙子，牙子

上浮雕着双螭龙纹及拐子纹理，与椅面上的纹饰形成良好的呼应。本作纹理虽繁，但规律、匀称，不致给人杂乱之感，豪华秾丽，具有皇家气派，可谓是清式书房家具中不可多得的精品。

近人易将玫瑰椅和南官帽椅的概念混淆，其实细究之下不难发现二者的区别，南官帽椅的扶手间一般安置"联帮棍"，而玫瑰椅的扶手处一般与靠背形制相承，或独板围子，或施横枨、券口、冰绽纹、雕花等等形式。再者，玫瑰椅的靠背及扶手一般为直，与椅座相垂直，而仔细观察南官帽椅，则普遍在搭脑处及扶手处有弯转相交的特征。

超越梦想

　　"环宇翱翔心作翼，远山翻越我为峰"，作品《超越梦想》通过再现登山队员攀登高峰的场景，传递出一种不畏艰难、团结奋进、超越自我的精神内涵。

　　作品蕴含着强烈的艺术感染力。面对常人难以逾越的高峰，及无数的艰难险阻，登山队员以永不服输、挑战极限的坚定意志，相互协助、携手共进的团队精神，向人类极限挑战并创造纪录。这一主题，使作品高度得以升华，寓意更为开阔、高远。作品后题"同心同梦，携手共进。无心问鼎，已然巅峰"的诗句，正是此作《超越梦想》的内涵所在。

上善若水

　　此作品以简洁有力的线条刻画出老子的形象。他精神矍铄，仰首低眉，手臂轻抬，做观天象状，似是倾听耳边嘶哮的狂风，抑或是洞悉高空飘移的流云。人物造型比例得当，古朴浑厚地刻画出老子逼真的神态，彰显了老子的虚怀若谷。其守、望、思的人物情态，动静合一，突出老子抱真守一的求知精神，更是神妙之笔！

　　大红酸枝历经漫长的岁月沧桑，千锤百炼浓缩成了精华，留下了体态万千的外形，恰好与老子衣褶的婉转流迤形成呼应，融为有机的整体，就连不加修饰的背部，都完美地显现出与正面统一、连贯的的形态，直观地突显出本作的主题——上善若水。

笑狮罗汉

作品中，尊者身形魁梧健壮，秃顶螺须，天庭饱满，身着长袍作立状而脑袋斜敧。其卷眉闭眼，高鼻阔口，虬髯浓密，具有典型的西域异族特征。口齿微张，神态憨态可掬，颇具闲情雅趣的凡人之韵，将神仙世俗化，更贴近人意。背披长衫，衣褶雕刻细致入微，洋洋洒洒尽显慵懒、闲适之感。一只幼狮伏于尊者肩膀上，神情驯服，似欲欢腾嬉戏，生动可爱，形神兼备，饶有情趣。在这里，作者有意将尊者的脸处理成类似狮子的相貌，而把幼狮的脸则处理成人类顽童的相貌，实现人与动物的换位，突显了人与自然和谐交融的主题，促成艺术意蕴的升华。

癫济公

作品惟妙惟肖地塑造出千百年来深受民间喜爱的活佛——济癫和尚的形象：头戴破僧帽，身穿破僧服，颈挂佛珠，腰间跨一酒葫芦，欹斜着身躯，流露出玩世不恭的态度。右手执一柄蒲扇，左手则伸至背后挠痒，双眉下垂，眯缝着眼，露出一口牙齿，神态逼真。作者匠心独运地将济公的牙齿处理成掉落不齐，更使其面部表情显得诙谐风趣，将济公嬉戏于世的形象刻画得活灵活现。

作品以大红酸枝为原料，采用自然形的雕刻技艺，寥寥几笔勾勒出主题，神态逼真。借助大红酸枝的陡峭外形，刻画济公嶙峋的胸前肋骨，而宽袍破袖，衣褶婉转流迤，刻划入微，因材制宜，可谓天工巧作。

醉悟

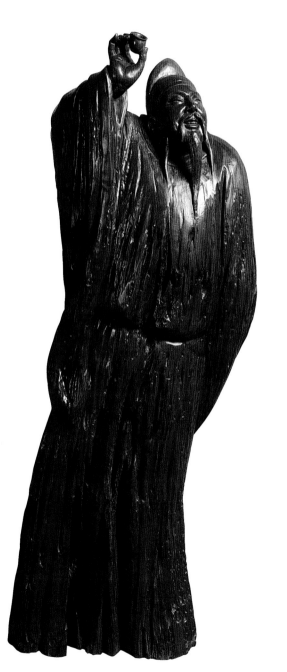

　　作品取材上乘大红酸枝，以立体圆雕的技法创作而成，在风格上传承了晚清木雕巨匠廖熙的艺术精髓——整体风格质朴浑厚，稳重大方，线条自然流畅，雕琢细致圆熟，生动地刻画出诗人李白举杯醉酒之态。"李白斗酒诗百篇"是流传千古的诗坛佳话，他痛饮千杯酒，醉眼看世间，悟道生灵感，创作出无数脍炙人口的诗篇。

　　作品中，李白头戴璞帽，身着广袖长衫，身躯微有欹斜。其长髯飘飘，眼神迷离微醺。左臂垂落身后，右手则拈起酒杯，似在邀月共饮，神情悠然自若，生动再现了李白豪迈恣肆、超凡脱俗的不羁形象，极富艺术感染力。

离骚

这段大红酸枝，上尖下敦，上细下厚，呈锐三角。打磨之后，纹理出奇娟秀，如漾漾流水，又如婉转衣袂。作者以此塑造人物，如果按正常人物圆雕比例，则显得上轻下重。于是作者提取人物形象之气质精髓进行深刻揣摩，艺术夸张，精心刻画。一个高冠大袍、面容沉郁的屈原形象跃然而出。

不管历史上对屈原在政治方面作何评价，他首先是个文人。文人"瘦"，既指外在的文弱，亦指内在的清高。《渔父》中如此描述：屈原既放，游于江潭，行吟泽畔，颜色憔悴，形容枯槁。何为"颜色憔悴，形容枯槁"，这件作品给出了完美的答案，亦成为作品精华所在："举世皆浊我独清，众人皆醉我独醒"的屈原终日踽踽漫行江边，目光微垂，平静中透出悲愤，平常中饱含孤独，瘦矍中流露高贵。雕刻手法洗练、简洁、略带抽象，天然大红酸枝则恰如其分地呈现出在此状态之下，屈原的须发、皱纹等自然肌理。

塑造人物除核心精神之外，必有相关元素与之映照，方显丰富饱满。屈原在《涉江》中写道：余幼好此奇服兮，年既老而不衰。带长铗之陆离兮，冠切云之崔嵬，被明月兮珮宝璐。由此可还原屈原外形：着异服、带长剑、配宝玉、戴高冠。

作品中屈原汉衫大袍，长剑隐于袍中，有着浓郁的贵族气息，头上高冠料峭入云，则显得性情倔强不屈，宁死不与世同流的品行追求："宁赴湘流，葬于江鱼之腹中。安能以皓皓之白，而蒙世俗之尘埃乎？"可以说，作品从内而外地塑造了一种生动、蕴藉、不落俗的屈原形象。

在价值观多元的当下社会，士大夫式文化理想已成过去，屈原这个人物形象，更多地是变为了一个文化符号，一个美学案例，一个历史印记，也因此不朽，流芳千古。

远方的信息

　　惠安女的形象随着文学艺术家们的摄影镜头、诗歌和音乐走上了银幕，书刊、报纸和五线谱，一直从中国走向了世界。人们把她们的花头巾、短上衣、银腰带、大筒裤，戏称为"封建头，节约衫，民主肚，浪费裤。"这件作品以柔和的圆雕、结实的线条，生动刻画了勤劳、乐观、朴素的惠安女形象：一手提着劳动头盔，一手握手机与远方的亲人交谈，面容朴实中透着隐约的欣喜，似乎收到远方喜讯。

　　作品虽然只单一表现某时某刻的状态，然而富有故事感，给人以无限联想空间。如同一首质朴的诗，意在言外，无限生命。

望长安

书画筒由整段大红酸枝大料打磨雕琢而成，大气文雅。筒身以高、浅浮雕，将景物的层次感缓缓铺开。刻画出重峦叠嶂，浮云缭绕的南宋造口壁风光，展现丰富而立体的山水人物。作品中，清江水波光粼粼，如在月光下荡漾，下马独立江畔，见无数青山料峭，却阻挡不了东流而去的江水。

作者以阴阳深浅雕刻的手法，细腻地凸显出江面水流的泠泠动感，着重表现水流的明暗关系，不同的光线下，呈现不同的光泽，给人深刻的视觉印象，山静而水动，使得作品呈现出的画面灵气顿生。让人联想起印象派画家莫奈在名作《青蛙塘》中，对塘水的色彩处理，追求触目而强烈的视觉感受，能够瞬间

正面

背面

吸引众人目光。当然,和西方浓墨重彩的油画相比,大红酸枝内敛温文的纹理属性,细致入微的雕刻工艺,使得这水更含蓄,富有东方风格与美感。

留白处录有辛弃疾的不朽词作《菩萨蛮》:郁孤台下清江水,中间多少行人泪?西北望长安,可怜无数山。青山遮不住,毕竟东流去。江晚正愁余,山深闻鹧鸪。

辛弃疾是南宋伟大的爱国词人,豪放中常有沉郁之思,悲慨之情。这首词作即表达了这样的一种胸怀:哀民生之多艰,痛生灵之涂炭。对阻隔东流江水的"无数山"表达了满怀的悲愤。

整座书画筒自然、丰满、浑厚,筒身雕刻由工艺美术大师庄南鹏教授手作而成,具极高的收藏价值。

十八学士登瀛洲

唐太宗李世民在长安城设文学馆，被唐太宗选入文学馆者称为"登瀛洲"，房玄龄、虞世南等共十八人入选文学馆，常讨论政事、典籍，当时称之为"十八学士"，故有"十八学士登瀛洲"之说。体现了贞观时期，文昌治国的盛况。

这件作品将"登瀛洲"具体化成李白诗中表现的东海仙山，其上险峰巍峨，泉清林幽，松鹤延年，云绕雾缈，仙气十足。十八个学士或三五或一二，理琴、对弈、作画、题壁、阔论、观瀑，尽得风骚，展现一派祥和昌明景象。

作品综合高浅浮雕、透雕圆雕等技法，布局合理，构思精妙，充分根据整件大红酸枝原材料自身的形态特征，将景致与材质有机结合，亭桥下激流生动，可谓有声有色。

廖熙

　　此作形象地刻画出清末民初木雕巨匠——廖熙的形象。作者从创作伊始，便徜徉在廖熙专注的艺术秉性中，并将廖熙飞扬的创作神绪渐渐引向木雕的具体形貌、举手投足之间。

　　作品整体风格写实，造型洒脱，不拘泥于琐碎的刻画，技法连贯潇洒，将塑形的"木性"和人物的"灵性"融为一身。雕塑形体转折顿挫流劲，一气呵成，更有着旋律激荡的美感。尤令人称道的是，作品中廖熙望向作品的眼神，如同看着自己的孩子般充满慈爱。作者将自己对作品的热爱，转换成廖熙的气质，深深融汇到这一尊木雕作品中，实现了作品与人的精神共鸣。

耕云读雾

　　作品中，伏羲氏前额突出，微蹙的眉目间，流露出一种洞彻世间万物的智慧。其双手环抱成圆，如怀抱天地乾坤，再顺势推出，形成一阴一阳、循环不息的太极意念。虽是静态的木雕作品，我们却能从中依稀看见轻缓柔顺、循序渐进的肢体语言变化。

　　作品采用刀凿斧劈的创作技法，保留了大红酸枝天然的纹理、质地与刻痕，展现变幻无常的动感体态，同时也呼应出宇宙间的波谲云诡。在简约而富有张力的造型中，隐含着力量的连续性，超越了静态人物形象的模拟，进一步体现了律动的气韵，贴近太极无形无意、流转不息的精义与妙韵。作品既稳如泰山，又动若浮云，不经意的斧凿锤铸，有如神来之笔，将一个刚柔并济的智者形象刻画得淋漓尽致。

借东风

　　"三分割据纡筹策，万古云霄一羽毛。"即是诸葛孔明的写照。作品就材取艺，以大红酸枝为材，将肃立在风起云涌大时代中的诸葛孔明刻画得栩栩如生：高举的羽扇，随风上扬的袍襟，坚毅的面容表现出孔明在大决战下的无畏与从容；将东风阵阵、火光连天、赤壁如昼的壮烈场景表现殆尽。

　　大红酸枝的主色调亦映照出火烧赤壁的壮烈与战争的血色。斜上的木纹走势，竟如疾风般，在孔明的举手投足之间，化身万千红莲之火，吞噬曹军，一时间"强橹灰飞烟灭"。整件作品一气呵成，气势磅礴。构思布局之精巧，手法工艺之精湛，堪称杰作。

长城内外

  大红酸枝本身的斑驳纹理，如同经历时间剥蚀的瑰奇河山。寥寥几刀，赋予这段大红酸枝以主题、故事及画面：古楼兰的驼队在大漠中徐行，逶迤的长城在山川中若隐若现，莫高窟的大佛头像矗立。木材本身的纹理，犹如砾石苍茫的戈壁滩，而大红酸枝自身的色泽如同红色砂岩经长期风化剥离和流水侵蚀形成的丹霞奇观。在作品中，长城元素作为主题的眼，画面的分割线，残破的长城喻示着开放之门，使得文化、经济的交流变得更加通透。

  今天，开放、流通、传播，丝绸之路的传奇还在续写，时代的驼铃，将唱响 21 世纪中国的主旋律。而这件作品，也将以其独特的时代视角、深刻的文化自觉，通透的艺术领悟，成为不朽的作品。

跋陀罗尊者——过江罗汉

戍博迦尊者——开心罗汉

十八罗汉

作品采用珍贵的大红酸枝雕刻而成。这套作品整体构图精美、流畅奔放，高度洗练地勾勒了十八罗汉各个形态，用细腻的雕刻手法表现了每个罗汉特征。十八罗汉神态各异，表情栩栩如生，富有情趣。而大红酸枝的天然造型搭配也更增添了作品的典雅尊贵。

罗汉又称阿罗汉，是佛陀得道弟子修证最高的果位，指能断除一切烦恼，达到涅槃境界，不再受生死轮回之苦，修行圆满又具有引导众生向善的德行，堪受人天供养的圣者。释迦牟尼佛为使佛法在佛灭度后能流传后世，使众生有听闻佛法的机缘，嘱咐十六罗汉永住世间，分局各地弘扬佛法，利益众生。佛教传到中国后，十六罗汉成为艺术家创作的题材，后来演变成为十八罗汉。

苏频陀尊者——托塔罗汉

弥勒尊者——伏虎罗汉

宾度罗跋罗堕阁尊者——坐鹿罗汉

伐那婆斯尊者——芭蕉罗汉

注茶半托迦尊者——看门罗汉

那迦犀那尊者——挖耳罗汉

阿氏多尊者——长眉罗汉

诺距罗尊者——静坐罗汉

迦诺迦代蹉尊者——欢喜罗汉

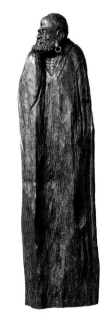

罗怙罗尊者——沉思罗汉

因揭陀尊者——布袋罗汉

迦叶尊者——降龙罗汉

伐阇罗弗多罗尊者——笑狮罗汉

诺迦跋哩陀尊者——举钵罗汉

迦理迦尊者——骑象罗汉

半托迦尊者——探手罗汉

第四章　点木成金写传奇

品位·投资·普惠

——中式金融模式与创新

2015 年 4 月，天津、福建、广东新设的三个自贸试验区相继正式挂牌，此举意味着中国逐步构筑起立足周边、辐射"一带一路"、面向世界的全球贸易网络。自改革开放以来，经过党和国家四代领导人的励精图治，如今的中国，已超越欧盟、日本，成为全球第二大经济体。借助自贸区战略，中国将向全世界勾勒出一副更为宏远的图景，以重塑全球贸易格局为契机，制定出远大的战略目标：致力成为全球第一大经济体。笔者认为，要实现全球第一大经济体的目标，金融模式的创新首当其冲，如何突破传统的金融格局，建立适宜中国国情的金融模式，则成为当下中国亟需解决的重大课题。

三十多年前，改革开放总设计师邓小平同志高瞻远瞩地提出"走自己的道路，建设有中国特色的社会主义"的基本纲领。在纲领的指导下，中国以开放的心态引进西方先进的金融模式，在探索中实践，在实践中改良，历经三十多年艰苦卓绝的奋斗，昔日一穷二白的中国发生了翻天覆地的历史巨变。独特的历史传统与文化沉淀决定了中国必然走适合自己的发展道路。自 2011 年以来，"文化强国"成为中国制定的宏观战略。这种战略在 2012 年习近平总书记定义"中国梦"实现中华民族伟大复兴、2013 年国家"一带一路"建设思路的提出后，显得愈加具体。文化的复兴必将带动整个国家金融模式与结构的变化，催生出新的金融业态。笔者欣喜地看到，近年来，中国特色的金融模式——中式金融的格局正逐渐形成。

当前世界影响最广泛的金融模式，

云餐桌十七件套

无疑是席卷欧美的"华尔街模式"。"华尔街模式"根植于近代的欧美文化体系，是两百多年前"美国梦"的背景下衍生出的金融产物。作为世界经济的风向标，"华尔街模式"是欧美精英文化的象征，他们讲究个性张扬、崇尚享乐主义，消费成为人们地位和身份的象征，成为体现人生价值的重要尺度。在这一背景下，华尔街的金融机构主要面向精英阶层和投资机构，而面向社会中低阶层的服务则非常有限，原因在于其在传统业务上以承受较低的风险获取较高的利润，从而对中低阶层缺乏足够的服务动力。

与大部分的欧美国家一样，中国在近三十年来一直沿用"华尔街模式"的金融体系。"华尔街模式"占据全球金融的主导地位，其优越性毋庸置疑，笔者认为，在未来很长一段时间内，"华尔街模式"仍会是主导全球的经济常态。然而，中国独特的历史、人文、体制土壤，决定了中国不能照搬欧美的金融模式，要成为全球第一大经济体，中国必须在借鉴"华尔街模式"的先进经验上，去粕存精，建立起更适宜中国国情的金融模式。

相比欧美文化，中国传统文化建立在儒、释、道三教的基础上，有着更为厚重的人文底蕴。中国人勤劳、内敛、含蓄的特质决定了中式金融必须建立在"接地气"的根基之上，即中式金融必须服务于广大的平民百姓，这与华尔街的"精英文化"形成鲜明的反差。根据证交所的数字模型进行保守估算，中国股市的散户比例已达到了65%～70%，如此规模的散户自发涌入金融市场，这在全球范围内都前所未见。近年来，"中国大妈"抄底黄金做空股市，鏖战金融市场的新闻屡见于各大媒体的财经头条，产生深远的影响。与此同时，P2P网贷、众筹、直销银行、开放式基金等新生事物，借助移动互联网的力量如雨后春笋般不断涌现，这一切无不突显中式金融的独特魅力与巨大潜力。

2013年11月，十八届三中全会在《中共中央关于全面深化改革若干重大问题的决定》中，首次明确指出："发展普惠金融，鼓励金融创新，丰富金融市场层次和产品"，普惠金融的概念首次出现在中央正式文件中。长期以来，我国的金融服务存在比较高的门槛，金融行业的服务范畴未能有效延伸覆盖到占大多数群体的平民百姓中。普惠金融概念的提出，表明了一种能有效为社会所有阶层和群体提供服务的金融生态模式，正悄然成为当前中国金融改革的主导方向。中国打破传统"华尔街模式"精英化的禁锢，将金融融入平民百姓日常生活中，这种大胆的金融改革提法在全球范围内，都尚属首创。

中式金融与"华尔街模式"的差异化，不仅仅体现是金融形态上，更体现在东方国度与欧美国家迥异的文化土壤上。相比于"华尔街模式"的虚拟与泡沫，中式金融最大的特点，在于它有着坚实的载体，即是中国传统文化沉淀的实物基础。在这基础上，中式金融模式彰显出几大优势特点：

一、打破虚拟化格局，形成风险保障

"华尔街模式"下，通过各种杠杆交易设计出的金融衍生品纷繁复杂，但是风险也是难以想象的。过去几年，华尔街的杠杆比率快速提升，据瑞士银行的数据，美林的杠杆率从 2003 年的 15 倍飙升至去年的 28 倍。摩根士丹利的杠杆率攀升至 33 倍，高盛也达到 28 倍，而杠杆的诱惑下，所有风险将转嫁给银行和实体经济。对于投行来说，过度依赖杠杆是其遭受毁灭性打击的前提。在市场繁荣之时，借款会帮助公司实现高收益，但市场逆转后，大规模的冲销将引起投资者对华尔街丧失信心，危机不可避免。

中国人内敛、务实的特性，决定了中式金融必定要有相应的实物载体作支撑。而各式各样的实物中，皆承载着悠久的中国传统文化。中国历史悠久，传统文化博大精深，在漫长的社会发展过程中，中国的青铜器、陶瓷、丝绸、刺绣、漆器、玉器、珐琅、金银制品、古典家具和各种雕塑艺术品，相继取得辉煌成就。历史上著名的"丝绸之路"和"海上丝绸之路"，充分反映了中国工艺美术的高度发展和对中国文化乃至世界文化的影响。

笔者认为，作为中国传统文化艺术的浓缩，红木是承载中式金融的最佳载体之一。红木是当今世界上最优质的木材，是不可再生的稀缺资源，在供需关系的市场规律影响下，价值将越来越高。加上叠加其上，传承千年的工艺技巧和文化内涵，使红木家具及艺术品具备着高昂的价格，与难以想象的投资前景。以红木等中国传统文化的沉淀作为实物支撑，中式金融将建立起完善的信用评估体系，和风险防控体系，利于突破"华尔街模式"风险难控的困局。

二、承载中国传统文化，传递社会正能量

传统的"华尔街模式"是物质文明的高度浓缩与体现，但是在精神文化上却有所缺失，不可避免地出现贪婪、背叛、尔虞我诈、精心算计等状况，久而久之，

容易沦为投机、权力与欲望启动的金钱游戏。中国的传统文化则更注重道德精神与君子人格，中式金融在形成的过程中植入了中国传统文化的精髓，以文化、品位为其核心，弘扬正直、进取、向上的正能量，以公平、公正、公开的方式逐步完善、健全其金融体制。

五千多年来的岁月沉淀，创造了博大精深的中华文明，成为中华民族生生不息、发展壮大的力量源泉。弘扬优秀传统文化，传承中华传统美德，既是国家富强、民族复兴、人民幸福的根基，也是实现"中国梦"的精神支撑。中式金融根植于中国传统文化，具有浓郁的人文气息，在创新中式金融模式的同时，也将为弘扬中国传统文化作出积极贡献，为我们从传统文化中汲取精神力量，激发了全社会崇德向善的正能量奠定坚实的基础。

中华民族是世界民族之林中的重要一员。要实现中华民族伟大复兴的中国梦，一个重要的前提是要有充分的民族自信心。中式金融模式的成功，将进一步促进中华民族自信心，让我们坚定信念，走社会主义特色的康庄大道。

瑞祥大沙发十三件套

三、服务实体经济，实现消费中投资

在经济"新常态"下，中式金融模式将承载着创新产品形态，服务于实体经济的历史使命。减少金融杠杆，更多地为实体经济提供与之需求相匹配的长期资本、股权资本，这不仅仅是中国以实体经济为本的经济特征决定的，同时也是一切发展中国家金融安全的客观要求。

传统的上市模式，是向投资者增发股票，以期募集用于企业发展资金的过程。股票作为一种虚拟的物品，缺乏实物的支撑。如果股市流动性较好，资金期限即无所谓长短。然而一旦市场发生极端性情况，股市流动性立即消失，虚高的股值，以及杠杆都会变成市场恶性循环的主要动力。中式金融倡导的上市模式，将以实物作为载体，每一份股权背后都对应着相应的实物份额，破解金融经济与实体经济难以共存的困局，辅助实体企业更好地融资，利于线下实业资本的形成，由此促进实体经济与金融经济并行发展。

在实物支撑的基础上，中式金融鼓励投资者在消费中投资，在品位文化中实现财富增值。有别于房地产、汽车等消耗品，中式金融的载体是带有浓厚中国传统文化韵味的物品。例如红木古典家具，在长期使用过程中，人们把玩、擦拭、使用频繁而形成包浆。这种包浆是自然而然形成的，具有很高的收藏价值，可谓越用越值钱。

中式金融独具魅力之处，还在于它在融资租赁领域内的价值——实物与资金间的可变换性。投资者在需要资金的情况下，可通过中式金融的独有渠道将对应的实物迅速转变为等额的资金，这将有效地解决了办公室短租及投资者资金回笼等实际难题，实现实物资产所有权的自由转换。

值得关注的是，在国家政策的影响下，融资租赁业受到了业界的广泛关注。2015 年 8 月，李克强总理主持召开国务院常务会议，确定加快融资租赁和金融租赁行业发展的措施，更好服务实体经济。9 月 7 日，国务院正式下发了《关于加快融资租赁业发展的指导意见》，此

举将进一步促进中式金融模式的完善与发展。

四、普惠大众群体，将金融融入日常生活

在新技术、政府放松管制、金融机构创新活力增强等多重因素的推动下，近年来，中国的金融机构和业务均呈现快速发展态势……小额贷款公司、村镇银行、P2P 借贷平台等新型金融业态得到长足发展，涌现出一批代表性的金融服务模式。中式金融在普惠大众，影响民生上的价值显得愈加重要。

对于缺乏信用或物质担保和风险管理难度大的金融服务风险往往较大。当然，其中也不乏金融市场化程度不高的因素，但是社会中低阶层长期以来无法获得金融服务的根本，还在于自身的信用评价困难以及风险的不确定性。笔者认为，传统的金融服务模式很难实现普惠金融的伟大目标，而中式金融的文化属性，有助于创新经营服务模式和技术手段，使得新的模式能够给社会上所有的阶层和群体提供金融服务。中式金融

模式以实物为支撑，以投资为导向，将涵盖各种灵活的金融投资领域。平台自身具有投资门槛低的特点，这样就为中小微企业、普通个人提供了机会，使得小微企业和社会中低收入人群能够获得更便捷的金融服务，使人人都可以享受到有保障的金融福利。中式金融的出现，对建立多层次、广覆盖、多样化、可持续的普惠金融服务体系，将起到至关重要的作用。

当前，中式金融在探索中前进，展现出良好的发展态势。在移动互联网时代，新思维、新观点、新产品不断涌现，P2P 网贷、众筹、直销银行、互联网支付等模式层出不穷，极大改变了传统金融格局和人们的生活方式。但我们也应该清醒地看到，新生事物的发展必定会经过一个逐步调整、臻于完善的过程。中式金融在前行的道路中，不可避免地会出现很多问题——近年来，形形色色的文交所不断涌现，邮币卡市场呈井喷式发展，繁华的背后存在着恶炒、非理性的畸形现象。笔者认为，这些都是新

事物在发展过程中遇到的常态现象。面对这一切，我们无须视之如洪水猛兽而避之拒之，更应积极响应党和政府"在发展中规范，在规范中发展"的号召，发挥政府引导和监管作用，同时对金融投资者的投资行为进行合理的引导，建立完善的权益保护机制，加强对金融投资者的保护，把新事物的成长引向健康的轨道上，推动中式金融市场的健康、有序、快速发展。

未来的中式金融，将会是一种更加包容、多元化的金融体系。笔者坚信，在不久的未来，中式金融将与欧美的"华尔街模式"，成为世界金融市场格局中最主流的两种金融模式。二者既有众多相似之处，又体现了各自特色的文化内涵，在全球金融领域创新发展中产生巨大的影响。作为新型的模式，我们在中式金融探索与发展的过程中，更应坚持对中国传统文化的深入挖掘，促使中式金融模式步入健康、有序的发展轨道，更好地发挥中式金融在服务社会实体经济中的作用。

借助互联网营销的力量，
让千家万户成为红木展厅！

——福建海丝商品交易中心助力红木产业整体升级

近年来，随着我国宏观经济结构的调整，我市各大产业都面临严峻的挑战。传统经营模式不断受到互联网的冲击，在激烈的竞争格局下，以红木为代表的传统产业，亟需探索全新的运作模式，为产业注入新动力，实现新一轮升级。

福建海丝商品交易中心有限公司（下简称"交易中心"）即是在这个背景下成立的。2015年9月16日，交易中心由福建省人民政府审核批准成立，注册资金2亿元人民币，设立于莆田。交易中心以区域主导产业——红木产业为主导载体，以红木原材料、半成品、成品、红木文化工艺品为主要交易品种。红木既是实用品，也是一种承载历史文化的艺术品，是中华传统文化的最佳载体。以红木作为交易中心的主导品种，不仅符合区域产业特点，更符合国情与国际贸易发展的潮流。

交易中心借助互联网营销的力量，着力打造以"现货电子化 + 物流一体化 + 信息实时化 + 贸易电商化"为组合的商品经济活动"生态平衡圈"，致力突破当前传统红木产业的发展瓶颈，完善产业标准与市场秩序，促进现货商品流通，推动产需衔接，以期更好地服务于实体经济，帮助产业经营者借助第三方力量打破原有限制条件，促进资源、国内外产品的融通、最终实现产业整合大发展。

交易中心的成立，前后经历了六年的长久沉淀。六年间，我们深耕红木产业链，在东南亚及中、南美洲等地建立起完善的原材料供应基地，并在进出口、原材鉴定、检验检疫、生产加工、研发、艺术创作、销售、文化研究、标准制定、仓储、物流、保险、品牌推广、媒体发布等15个产业链环节实现高效合作与互动，有力打造交易中心产业化、标准化，打造一个消费者、投资者信赖的交易平台。

当前红木市场，消费者相对缺乏专业知识去鉴定红木家具的真伪、判定红木家具的质量，大部分投资者（包括房屋短租者）疲于寻找红木变现的渠道与途径，而生产厂家则普遍被资金链流转慢等问题所深深困扰（从购买原材料 – 研发设计 – 生产加工 – 销售大约需要三年周期）。针对消费者、投资者及生产厂家的不同需求特征，结合红木特有的实用及投资属性，交易中心制定出一套独特而完善的运营模式，有效地解决消费者与投资者的困扰，同时也辅助广大红木厂家有效解决原材料、成品库存问题，将多余的产能提前释放到交易中心，成为另一种意义上的终端货架。

红木家具及工艺品有历久弥新的特点，决定了它具备极为卓越的实用属性以及投资价值，通过有效的引导，必将让更多人喜爱上红木。红木传统的展厅营销模式，使经营者在运输、租金、远程管理、人力资源等方面都承担巨大的成本压力。通过交易中心的模式运作，及普惠理念的深入人心，借助互联网营销的力量，将有效地促进红木产品的现货流通，让文化贴近民生，让老百姓充分感受到红木的好，形成良好的口碑宣传，最终让千家万户成为各大红木厂商的"销售展厅"。此举不仅降低红木厂商展厅投资成本，也将让更多消费者享受红木的使用与投资价值。

如果说淘宝网是小商品的交易中心，那么海丝即是大宗红木产品的交易中心。交易中心以现货挂牌与现货发售为主要交易模式。与传统的交易模式相比，交易中心实现了三大创新：一是交易的品种是中国特色的文化产品，具有实用性、收藏性与投资性三大核心属性。二是交易商 100% 货款参与申购，全款全货，风险可控，确保了现货的正常流通。三是挂牌的产品，在鉴定、仓储、保管、保险等各环节都进行规范化的管理，每件上市的产品均植入 NFC 芯片（目前海丝已获得专利），并有设计师的亲笔签名。通过此举，也可保护企业的知识产权不受侵犯。另外，线上挂牌的产品不在线下流通，保证了商品价格体系的稳定。四是缩短了产品流通环节，盘活了产能和库存，加速了企业资金回笼，切实解决了企业的资金难题。消费者及投资者在购买后，可根据其需求，自由地将产品在平台上销售，使投资变现更简易，资源利用更合理。

发展过程中，交易中心主动承担产业协调的重任，在原材料贸易、生产加工、市场销售及消费投资等各环节中起到实时对接的作用，有效促进企业产能与市场需求的衔接。既要针对消费、投资者做好宣传，树立品牌、引导参与，同时又要监督上市企业规范运作，提供品质优良、价格合理的产品，促进现货的销售。这一过程，将可确保资金在产业链内的可持续流通，使平台自觉发挥平抑价格波动，稳定市场行情的作用，推动整个产业的健康有序发展。

交易中心的良好运作，将产生巨大的经济效益与社会效益：

一、经济效益分析

1、有利于促进跨境电子贸易健康快速发展

通过交易中心的影响力和扩张力，未来将在海上丝绸之路沿线三十多个国家与地区进行贸易往来，在其各大港口、交通枢纽、大宗商品产销集中地设立跨境仓储基地，进行原材料进口，进口原料加工后，将有中国文化特色的成品再出口到这地区，促进跨境电子贸易的可持续健康、快速发展。

2、有利于红木传统产业的整体升级

交易中心的顺利运营，将有效助力行业标准化运作，衔接产需平衡，拓宽销售渠道，带动传统红木产业实现整体的升级。红木产业的升级，将创造近二十年来产业最大规模的转型潮，实现难以估量的经济价值增长。随着项目的投产和功能的进一步扩充，互联网＋产业＋文化的运作模式，并将有力促进地方经济和 GDP 的增长。同时，交易中心将实现高额的税收回报，必将进一步促进地方财政收入的增长。

3、有利于稳定原料供求，促进商品的合理流通

传统的交易方式大多都是一对一的买卖行为，双方面对的是有限的业务伙伴，很难确定合理的成交价格，往往是供大于求时竞相压价，供不应求时争相抢购，导致价格波动较大，给企业的生产经营造成很大不利，同时也带来一系列社会问题。交易中心将汇集商品的供求信息，给经营企业带来更多的交易机会，大幅度降低流通成本，同时规范化的货单便于转让，实现原料商品的合理流通。

4、有利于打破传统交易桎梏，提升

产业综合素质

交易中心超越了传统分散单一的有形市场的诸多局限,极大提高了市场一体化程度。企业要想在市场上立于不败之地,需要及时准确地获取市场信息,提高规范意识和管理水平,取得经营主动权,增强参与竞争的综合实力。相信项目的实施,必将全面提升企业经营者的综合素质。

5、有利于环保节约,实现资源的合理利用

许多企业短期租赁办公楼,想购买红木家具作为办公家具,但是租期过后,红木家具无法轻易变现,不利于资源的合理利用。交易中心充分利用互联网的力量,搭建起供与需的桥梁,帮助短租企业轻松实现红木的转卖,实现资源的高效再利用。

二、社会效益分析

1、有利于提升莆田城市形象与知名度

响应国家"一带一路"战略,把握互联网经济的潮流与走势,率先在妈祖故里——莆田树立起交易中心,将使莆田立于海丝建设桥头堡地位,不仅可以扩大城市的知名度、提升城市的美誉度,增强凝聚力,进而促进城市经济、社会、文化和环境的可持续发展。

2、有利于形成完善的产业生态链

交易平台的发展基于互联网,从而将缩短供应链,让供方和需求方直接面对面,有利于通过大数据优化市场和资源配置,从商品的资讯、仓储、运输服务,最后是大数据、指数,形成一个完整的生态链。

3、有利于创造就业机会及招才引智

项目的运营,将积极营造聚才兴业的良好综合环境,健全和完善双招联动保障机制,推动高层次人才向产业一线集聚,同时也将实现人才和项目的良性互动,引进一批高层次人才和红木企业的对接,进一步促进人才 + 互联网 + 文化 + 产业的融合互进,提升莆田创新、创业氛围。

4、繁荣经济维护地方稳定

交易中心的建立,减少交易的中间环节,缩短了生产区与消费区之间的距离,提升生产者的收益,同时也能带动加工企业的生产积极性,会吸引更多交易商加入到其中,增加地方的税收,繁荣地方经济。

朱志悦：
用中式文化的力量颠覆传统金融模式

CHINAFTI交易中国网站 专访

10 月 26 日，十八届五中全会在北京召开。会议发布了关于制定中国第十三个五年规划的建议。在"十二五"收官之际，中国向世界交出了一张精彩的

答卷：2014 年，中国 GDP 总量达 10.4 万亿美元，稳居世界第二位；中国制造业产值、货物贸易进出口总额持续多年稳居世界第一……一切迹象表明，如今

中国已超越欧盟、日本，跃居为全球第二大经济体，并向全球第一的目标发起挑战。

经济的发展的动力源于模式的创新。金融模式上的革新，也便成为当下中国亟需解决的首要课题。下一个颠覆世界的金融模式将在哪里？福建海丝商品交易中心董事长朱志悦认为，中国的金融模式应融入中国独特的文化特征、人文习惯，并适宜当下中国的独特国情。自2011年"文化强国"宏观战略发布以来，传统文化的复苏成为时代的主旋律，带着中式文化特征的金融模式——中式金融应势而生，它将对传统的金融模式形成巨大的冲击，并重新书写世界的金融格局。

现年47岁的朱志悦有着多重的身份：他是"仙作"古典家具的领军人物、国家林业局特聘的材料专家，同时也是华侨大学经济与金融学院的硕士生导师。在各类交易场所全面清理整顿的当前，由其创办的福建海丝商品交易中心成为2015年首家经福建省政府批复成立的大宗商品交易中心，这一度引起业界的震动。作为横跨中式文化、金融两大领域的研究专家，朱志悦的身上体现着兼收并蓄和求同存异的鲜明特征。多年来，他一直尝试从中国传统文化的角度来探索中国宏观经济的出路。朱志悦认为，当前世界影响最广泛的金融模式是席卷欧美的"华尔街模式"。但这种模式，随着中国经济的快速发展，会暴露出很多局限性，未必与中国经济的发展现状相适应。

"中国人勤劳、内敛、含蓄的特质决定了中式金融必须建立在'接地气'的根基之上，即中式金融必须服务于广大的平民百姓，这与华尔街的'精英文化'形成鲜明的反差"。长期深耕在文化领域，朱志悦对当下中国文化的发展有着异常的敏感。他认为，中国传统文化建立在儒、释、道三教的基础上，相比欧美文化，有着更为内敛的人文特性，这也决定了中国不能照搬欧美的金融模式。中国必须在借鉴"华尔街模式"的先进经验上，去粕存精，建立起更适宜中国国情的金融模式。

经济的发展，需要从社会的各个方

面提高效率，在金融界也是如此。朱志悦坚信，中式金融模式的构建，需要从本质上解决上述三大问题（品位、投资、普惠），从中构建起一个可循环的金融生态系统。

品位

"中式文化历史悠久，底蕴深厚。它蕴含着中国人民的智慧，融合了中华民族特有的民族气质和文化素养，是世界文明中一颗璀璨的明珠。"朱志悦介绍道，品位是中式金融有别于欧式金融的本质因素。在华尔街，屏幕上数字的跃动令所有人兴奋与沉迷，但泡沫一旦破碎，投资者终将一无所获。而中式金融嫁接于深厚的中式文化，拥有坚固的实物支撑，本身就具备了高度的实用价值与品位价值。

在漫长的社会发展过程中，由中式文化理念沉淀下来的艺术品，如青铜器、陶瓷、丝绸、刺绣、漆器、玉器、珐琅、金银制品、古典家具等，相继取得辉煌成就。历史上著名的"丝绸之路"和"海上丝绸之路"上出土的文物，充分反映了中国工艺美术的高度发展和对中国文化乃至世界文化的影响。

红木、玉石等作为不可再生稀缺资源，在供需关系的市场规律影响下，价值将越来越高。加上叠加其上千年的传统工艺技巧、文化内涵，使工艺美术具备着高度的审美价值，自然也有着不可想象的投资前景。

中式金融独具魅力之处，还在于它在融资租赁领域内的价值——中式艺术品与资金间的可变性。投资者在需要资金的情况下，可通过中式金融的独有渠道将中式艺术品迅速转变为资金，这有效地解决了办公室短租及投资者资金回笼的难题，实现资产所有权的自由转移。

融资租赁业进入中国的时间并不长久，在各行业的覆盖面也远低于发达国家水平，但是朱志悦对这个领域的前景却十分看好。9月以来，国务院正式下发了《关于加快融资租赁业发展的指导意见》，也验证了朱志悦的独到眼光。

"政策的下达，将在推动产业创新升级、拓宽中小微企业融资渠道、带动新兴产业发展和促进经济结构调整等方面发挥着重要作用，也必将进一步促进中式金融模式的完善与发展"，朱志悦如是说。

投资

投资回报率是人们衡量金融模式优劣重要标准之一。高度的投资回报不仅能缓解投资者的资金压力，还能有效降低投资的机会成本。传统的金融模式，像股票、贵金属，往往伴随着高风险的诞生。

朱志悦认为，通过各种杠杆交易设计出的金融衍生品纷繁复杂，但是风险也是难以想象的。过去几年，华尔街的杠杆比率快速提升。数据显示，美林、摩根士丹利、高盛等金融大鳄的杠杆率攀升至 30 倍之高。在杠杆的诱惑下，所有风险都转嫁给银行和实体经济。对于投行来说，过度依赖杠杆是其遭受毁灭性打击的前提。在市场繁荣之时，借款会帮助公司实现高收益，但市场逆转后，大规模的冲销将引起投资者对华尔街丧失信心，危机不可避免。

"中式文化的魅力，恰恰在于其能在高度的投资回报中，规避传统金融的虚拟风险。中国人内敛、务实的特性，决定了中式金融必定要有相应的实物载体作支撑"，朱志悦强调说，中式金融鼓励投资者体验中式艺术品，在使用的过程中，感受中国传统文化魅力，实现"品位中增长，消费中投资"的投资价值。

"有别于房地产、汽车等消耗品，中式艺术品具有历久弥新的独特魅力。特别是红木古典家具，在长期使用过程中，人们把玩、擦拭、使用频繁而形成包浆。这种包浆是自然而然形成的，具有很高的收藏价值，可谓越用越值钱"，作为当前国内影响力最大的古典家具流派——"仙作"流派的领军人物，朱志悦对红木一直青睐有加。他认为，作为中国传统文化的浓缩，红木是承载中式金融的最佳载体，这也是他从红木领域跨越到金融领域的原因所在。

"红木是当今世界上最优质的木材，其价值尚未被充分挖掘，仍有着巨大的升值空间。以红木等中国传统文化的精髓作为实物支撑，中式金融将建立起完善的信用评估体系，和风险防控体系，利于突破传统金融模式下，风险难控的困局。"

普惠

传统的金融模式根植于近代的欧美文化体系，是两百多年前"美国梦"的背景下衍生出的金融产物。作为世界经济的风向标，以华尔街模式为代表的欧式金融是欧美精英文化的象征，在这一背景下，华尔街的金融机构主要面向精英阶层和投资机构，而面向社会中低阶层的服务则非常有限，原因在于其在传统业务上以承受较低的风险获取较高的利润，从而对中低阶层缺乏足够的服务动力。

朱志悦认为，在未来很长一段时间内，"华尔街模式"仍会是主导全球的经济常态。然而，中国独特的历史、人文、体制土壤，决定了中国不能照搬欧美的金融模式，这也是朱志悦提出金融模式创新的又一原因所在。与欧式金融迥异的是，中国的金融投资"去精英化"现象非常普遍。根据证交所的数字模型进行保守估算，中国股市的散户比例已达到了65%～70%，如此规模的散户自发涌入金融市场，这在全球范围内都前所未见。

近年来，"中国大妈"抄底黄金做空股市，鏖战金融市场的新闻屡见于各大媒体的财经头条，产生深远的影响。与此同时，P2P网贷、众筹、直销银行、开放式基金等新生事物，借助移动互联网的力量如雨后春笋般不断涌现，这一切无不突显中式金融的独特魅力与巨大潜力。

"我非常看好中式金融的发展，个人觉着，眼下就是一个非常好时机，国家政策也支持我们搞金融发展创新，可以说，金融融入平民百姓日常生活中的日子已经来临"。朱志悦强调，普惠金融概念的提出，正是中国金融改革的主导方向。

2013年11月，十八届三中全会在《中共中央关于全面深化改革若干重大问题的决定》中，首次明确指出："发展普惠金融，鼓励金融创新，丰富金融市场层次和产品"，普惠金融的概念首次出现在中央正式文件中。长期以来，我国的金融服务存在比较高的门槛，金融行业的服务范畴未能有效延伸覆盖到占大多数群体的平民百姓中。普惠金融概念的提出，表明了一种能有效为社会所有阶层和群体提供服务的金融生态模式，正悄然成为当前中国金融改革的主导方向。中国打破传统"华尔街模式"精英化的禁锢，将金融融入平民百姓日常生活中，这种大胆的金融改革提法在全球范围内，都尚属首创。

"未来，中式金融模式必将改变很多人的生活方式，我很期待这一天的到来，也希望看到更多的人分享到中式文化所带来的红利。相信终会有那么一天，我们会以中式文化的力量，重写全球金融领域的游戏规则"。望着窗外升起的太阳，朱志悦自信地说。

朱志悦：大宗商品行业的春天

CHINAFTI交易中国网站 专访

一个行业在乱象丛生之际，要么是走向衰败，要么就是在酝酿新的机遇。时下，国内大宗商品行业正进入多事之秋，上访、闹访等维权事件屡见不鲜。

人们不禁困惑，这个行业到底是怎么了？它的前景在何方？近期，笔者注意到，大宗商品行业开始进入全面整顿阶段。针对交易所的各种清理整顿方案陆续出台，似乎这个行业到了非猛药不能治愈的境地。在这个风口上，人们普遍对这个行业产生置疑，认为行业在衰退，准备一走了之。但也有少数人，当别人选择退出的时候，他却满怀信心地进入这个领域，并通过自己的努力来证明，大宗商品正迎来自己的春天。

朱志悦，就是这个少数人之一。在他的心中充满期待却不等待。笔者在从他聊起他的传奇从业经历，以及他对大宗商品领域的精辟见解时，从他的话语和神色里，看得出这位在红木领域颇有建树的企业家，从未停止对大宗商品行业的关注，也从未失去对行业的信心。正如他所言，"我们无需等待太长时间，也许就在五至十年，这个行业将出现一个伟大的企业完成万亿的规模，不论是

谁来完成，这都是最值得大家期待的行业。"

交易中国：我们都知道您在红木领域已经有很深厚的积淀。从您的个人经历来看，您之前还做过期货、大宗商品以及物流等等。是什么原因让您的职业有这么大的跨度？您能和我们分享下吗？

朱志悦：这么多年职业生涯，我所从事过的所有行业有一个共性，都是资源性导向的行业。我读大学时的专业是地质和煤矿，是属于资源性的。后来我从事的行业是石油化工，它也是资源性的。后来我做红木和木材，也是资源性的。至于大宗商品，偶然的机会我接触到期货，才算接触到真正的大宗贸易。从国外大宗贸易进口到国内来，引入了很多

商业模式,以前都是经过线下实现交易,跟现在比较流行的商业模式——线上交易,即通过交易平台完成交易,其实是有很多共性的。目前国内的交易平台,普通都经营单一品种,其实一个好的交易平台,它应该更具包容性,横跨多个行业领域。我所从事的几个行业,都可以整合到大宗贸易这块。其实这不是跨度,更多的是整合。现在的社会,就是一种资源整合,人力、物力、包括财力,都可以整合进来。

交易中国:如何把红木行业引入大宗商品领域,您对自己的企业有什么构想?

朱志悦:说起金融,大家脑袋里面普遍会浮现出一种画面:画面里,没有什么活力,干燥、无味,人坐在电脑面前,面对着大屏幕,手抚着键盘,面对屏幕数字在跳动的这种现代金融模式。我以红木行业为出发点,将中式文化引进这个交易平台,对传统金融模式而言,是一种很大的颠覆。我的目标是,希望让全民在平稳的基础上进行有效投资,惠及普通老百姓,达到普惠金融的目的,而不是局限于高大上的机构和高精端的人士特有,这将是我用一辈子来奋斗的目标,这种模式在我脑海里已经形成很完整的蓝图。

交易中国:我知道,您一直也关注大宗商品领域,借此机会,想请您跟我们分享下,您对这个行业的见解。有下面几个问题想听听您的看法。比方说,股市经过前期非正常性波动,近期已趋于平稳,对我国大宗商品市场意味着什么？请谈谈您的看法。

朱志悦：我认为金融作为一种自然现象，不论是升也好还是跌也好，都是市场规律的体现。每一个市场从刚开始到成熟，都有一个阵痛的过程。纽约华尔街刚成立时，股市一定也会像中国一样经历大的波动，这是事物走向成熟中的必然现象，不足为怪。大宗商品起步较晚，现在似乎到了四面楚歌的处境，同样也是事务发展的必经阶段。政府监管部门应该好好去疏导、去规范它。一旦心态调整好了，行业就一定能得以更好地发展。

交易中国：现阶段，大宗商品市场处于熊市调整期，作为投资者，应该如何应对目前现状？请谈谈您的看法。

朱志悦：在我理解里，其实没什么

熊市和牛市之分。任何时候，商品需求就是一种市场、一种价格。与其说是熊市，倒不如说是低价位的时候。以前我做实物的大宗贸易，做生意并不难。最简单掌握几点，价格高位的时候低库存，价格中位的时候中库存，价格低位的时候高库存。我的观点是，当前的大宗贸易要是买涨的话，这个时候是最好的时机。这是我个人的观点，未必是对的。如何把握这个度，投资人要自己去判断，不需要标杆，要根据个人的财力、经历、喜好、习惯去理性地投资。

交易中国：如何看待前段时间政府对资本市场的救市行为？

朱志悦：政府的做法自然有他的道理，我们不要随意议论。国家如果都安定不了，何来民生可言？又如何谈发展经济？国家的利益永远高于一切，这是我的真心话，不是口号。我们长期在国外的游子，能深刻体会到国家的强大对我们有多好。我们可以站直说话，很自信面对一切所做的事情。对于政府的救市行为，我个人是表示认同的。

交易中国：救市对大宗商品意味着什么？有什么利益关联吗？

朱志悦：很多表面上看似是坏的东西，未必是坏的；面上看暂时是好的东西，将来也未必是好的，这个我认为没太多的必然联系。救市可能会出现某些企业资金会转到用来做股票，大宗贸易增加或者减少，没有太大的关联，即使有关联也是短暂的，并不会影响到长期的发展。

交易中国：业内普遍认为国内大宗

商品市场缺乏监管机制，您赞同吗？这对市场交易是否带来一定风险，您是怎么认为的？

朱志悦：这不是赞不赞同的问题。大宗商品这个领域，虽然是从国外引进来的东西，但有很多我们中国特色的东西。对于这种新事物，国家如何来监管？大家都没经验。只有先行先试，出了问题后具体研究，才能制定相对应的措施，这才是正确的发展模式。所有的阵痛都是临时的，总会有办法解决。但是我希望我们的政府，不要碰到问题就一棒子打死，就全部关掉，不让干，其实这大可不必。新兴的事物的发展，总会经历曲折磨难，这是很正常的。

交易中国：作为交易所和投资者，如何做好风险控制，请您给点意见。

朱志悦：我真诚地希望，交易所和投资者不要站到对立面。交易所如果把投资者当作对立面，如果要去赚投资者的钱，就一点都没办法调和矛盾。把投资者当作利益共同体，先考虑投资者的利益，然后再考虑自己利益，那才是长远的发展之道，也是最根本的风控方式。如果交易所在一开始就错误定位，走的越远，发展的越快，矛盾就越大，谁都控制不了。至于说哪里出了问题，再去临时考虑解决办法，这治标不治本，如同哪里痛医哪里，这不是解决问题的根本方法。我认为可以把投资者的利益作为共同体，可以把他们纳入我们发展的一个环节。仁者见仁，智者见智，大家共同来想办法解决，一定可以解决。

交易中国：目前，大宗商品行业最敏感的问题就是维权问题。包括近期出现的上访、闹访等时有发生。您对这些问题的看法是什么？如果把它定性为非法维权，其依据在哪儿？

朱志悦：像维权这种事，很多看似是偶然的事情但真的是有必然的方向。初期设计的模式，到现在出事情是一种必然，并不是偶然发生的。比方说，人家存进来用来交易的钱，现在取不出，这时维权就不能说是非法维权。投资者在游戏规则定好的情况下，投资输了又赖账，来污蔑、打击交易所，这种情况才应该定义为非法维权。在大家都明确的游戏规则框架下，输赢大家都要去面对，愿赌服输。如果超越这个规则，就是非法维权。

交易中国：我们政府是如何处理企

业和个人的这种维权行为？

朱志悦：我认为，只要把前因后果详细告知政府，政府就一定会有调控的举动和措施。我们在开发客户的过程中不要急功近利，要积极引导客户形成投资的理念，而不要形成投机理念。如果以投机的理念进入这个领域，很容易出现短期大幅度的亏空，这样心态就会出现大的浮动。

交易中国：企业有没有办法从根源上杜绝违法维权的事件的发生？

朱志悦：我刚刚有说过，如果我们把客户的利益当作自己的利益，这种维权上访的现象就会大大减少。一定把他们的利益当第一利益，一定要先考虑投资者的利益，这样他们一定都能赚钱，我们也一定能赚钱。如果交易所认为一开始就应该先赚投资者的钱，这个出发点就不对了，一定会出现大的问题。如果我们做好源头的把握，我认为维权不是解决不了的问题。

交易中国：非法维权会不会影响我们对整个大宗商品行业的信心？

朱志悦：这肯定是会的。从一开始，我们就应该树立起一种标准，建立起一个行业协会进行市场监管。媒体也做好监督工作，共同建立起一个诚信的体系。对我们而言，我们要建立一个诚信交易所，其次要建立诚信客户，面对不诚信的客户我们就不要选择合作。建立诚信评级很重要，这个目前市场上还是一种空白，有待我们共同建设。

交易中国：请谈谈您对整个行业的展望，对未来有何期许？

朱志悦：打个比方，如果说百度是信息的交易中心，银行是货币的交易中心，淘宝是小商品的交易中心，我们则是大宗商品的交易中心。与百度、银行、淘宝不同的是，我们的交易中心可以重复交易，它有很多合理性、很多科学性。我感觉，现在乱象丛生只是一个刚开始，对这个行业我始终是充满期待的。我们无需等待太长时间，也许就在五至十年，这个行业将出现一个伟大的企业完成万亿的规模，不论是谁来完成，这都是最值得大家期待的行业。

附录：人与自然

①②③ 红木资源的可持续利用，体现了人与自然的关系。

④⑤⑥为南美洲某国红木原材料产区，当地人正在搭盖棚架，种植新苗。

⑦这是当地政府的规定，砍一棵树得种10棵树，确保自然生态不被破坏，以及木材资源的可持续。

⑧⑨⑩红木多长于高山上，当地人以畜力（牛、马等）来运输木材。

后记

《赏心悦木》书稿付梓之时，心中颇有几分忐忑之意。这么多年来，虽然都在从事与木材相关的工作，探讨与木材相关的话题，撰写与木材相关的文章，然而从不敢奢望有天能出这么一本书，就像当初从不敢妄想自己能涉足十几个国家，仅仅只是为了寻觅几棵好木头。

对于木的情感，我一向是既敬且畏。随着年岁增长，对生命的感悟沉淀越深，这份敬畏之心就越真切。一棵合抱的红酸枝，至少历经千年的岁月沉淀。是什么让它与大自然和谐兼容，共处千年？在千年漫长的光阴里，它又见证过多少悲欢离合，人世沧桑？天地不言，大音稀声，每一棵树木都有它的故事，它就像是一本翻开的历史书，若我们以谦逊的姿态去细细品读，必能窥见个中的精彩与传奇。

因此，真正的"美"一定是触及灵魂的。杂木如此，红木如是，木文化亦复如是。唯有挖掘红木中的寄寓深邃人文哲思，方能真正获得品赏风雅的极致乐趣。在物欲横流的今天，太多的"美"因为商业法则的浮躁和短视而被残酷扼杀。幸运的是，我和我的同仁们仍坚守在自己的阵地上，努力与世俗的趣味保持距离，把别人追逐浮华的时间用来营造品位和格调。从红木家具身上，以及历代先贤的理想及哲思中去从中发现、感受、弘扬美，乃至发掘和谐生活的本质。

本书所收录的文章，皆来源于笔者近几年来在《收藏界》、《中国红木古典家具》、《古典工艺家具》、《中国新时代》等行业刊物上发表的作品，以及一些未发表的零篇散帙的随笔心得，内容涉及名贵木材质、文化、工艺、产业观察等多角度的随笔。以《赏心悦木》为本书命名，实是希望能以自己浅薄的探索，来窥见中华木文化博大精深的一隅。囿于一人视角去看红木家具文化，必定存在局限与不足，希望能藉本书的出版抛砖引玉，让更多有志同仁参与到木文化体系的建设中，为构建出一个品牌内涵丰富、艺术坐标完整、传承脉络清晰的中华木文化体系贡献力量。

在本书出版之际，要感谢杨家驹、庄南鹏等诸位前辈这些年来对我的指导。没有你们的鼓励，就不会有本书的面世。感谢贾治邦先生、杨家驹先生在百忙之中为本册撰写序言。感谢中国林业出版社的纪亮先生，同时也感谢负责此书的所有人员，为本册所做的大量文案、排版及刊校工作。

朱志悦

二〇一六年十一月